优秀孩子素质教育培养

成就孩子一生的
50个习惯

周　周◎编著

北京联合出版公司
Beijing United Publishing Co.,Ltd.

图书在版编目（CIP）数据

成就孩子一生的50个习惯 / 周周编著. —— 北京：北京联合出版公司，2014.11（2019.4重印）
（优秀孩子素质教育培养）
ISBN 978-7-5502-4078-0

Ⅰ．①成… Ⅱ．①周… Ⅲ．①素质教育－青少年读物
Ⅳ．①G40-012

中国版本图书馆CIP数据核字(2014)第268821号

成就孩子一生的50个习惯

编　著：周　周
选题策划：大地书苑
责任编辑：徐　秀　琴
封面设计：尚世视觉
版式设计：李　霞

北京联合出版公司出版
（北京市西城区德外大街83号楼9层　　100088）
北京一鑫印务有限公司印刷　新华书店经销
字数200千字　710毫米×1000毫米　1/16　12印张
2019年4月第2版　2019年4月第2次印刷
ISBN 978-7-5502-4078-0
定价：49.80元

第5章　学习习惯

健康习惯

01

培养科学用脑的习惯

学会让大脑休息

丹麦神童海内肯，自小就有超人的智慧。

　　人人都有两个宝，双手和大脑。我们的大脑，每时每刻都在转动，即使在我们沉睡的时候，它也在不停地工作，管理着我们的身体活动。也许你会问："我们的大脑会不会累坏呢？"不用担心，我们的大脑只要不是长时间高速运转，是不会出现问题的。我们的大脑约有140亿个细胞，信息储存量相当于藏书约2000万册的美国国会图书馆的50倍。大脑的潜能，几乎接近于无限。但是，到目前为止，人类普遍只开发了大脑潜能的5%，仍有巨大的潜能尚未得到合理的开发。

换一句话说，一个人的大脑只要没有先天性的病理缺陷，他就可以成为天才，只要大脑的潜能得到超出一般的合理开发，他的能力就不会比爱因斯坦逊色。

但是，大脑潜能需要一点一点地开发，如果"揠苗助长"，结果只能是用脑过度，造成大脑早期疲劳，甚至发生悲剧。

丹麦"神童"海内肯就是一个不会使用大脑的人。他四岁就撰写了《丹麦史》，此举一度引起了全世界的关注。正当人们津津乐道地谈论他的聪明才智时，突然传来由于大脑负担过重导致四岁半的海内肯脑力衰竭，最终不幸夭折的噩耗。还有许多的天才儿童如海内肯一样，一夜之间名扬四海，不久就传出不幸的消息。

所以，我们应该注意不要因为过度使用自己的大脑，而让自己的"思维之花"过早地凋零了。我们应该时刻提醒自己：千万不要造成用脑疲劳，一定要养成科学用脑的好习惯。

脑科学研究成果表明，在脑疲劳的状态下，人就会出现头昏脑涨、记忆力下降、反应迟钝、注意力分散、思维混乱等心智活动难以正常发挥的恶性反应。同

第**1**章

健康习惯

记一记

家庭生活学习歌

同学们，请注意，

家庭生活安排细。

电视尽量要少看，

保护眼睛是关键。

饭前便后要洗手，

讲究卫生好习惯，

时间宝贵要紧抓。

哪科不行快追赶。

完成作业排第一，

课外阅读开心窍。

家务活，经常干，

动动手来身体好。

时，长期脑疲劳，还会出现失眠、焦虑、健忘、抑郁等症状，有的甚至会危及生命。由此可见，脑疲劳不仅不能开发大脑，而且还会严重影响人的智力潜能的正常开发。脑疲劳过度，还会导致心脑血管及精神疾病，严重损害人的身心健康，这是我们所不愿看到的。

相信每个同学都希望自己有一个聪明的头脑，可是常常找不到使自己更为聪明的方法。如果养成科学用脑的习惯，我们就可以变得更加聪明！

做一做

养成科学使用大脑的习惯，你可以采取下面的方法：

★五官并用、手脑并用地参与学习。有人发现，学习同一内容，如果只用眼睛，可接受20%；如果只用耳朵，可接受15%；如果眼耳并用，可接受50%。这一发现说明，学习时让多种感觉器官共同参与，可明显提高学习效率。

★充分利用"最佳的用脑时间"。有的人是早晨，有的人则是晚上学习效果最佳。应了解并充分利用自己的"最佳用脑时间"，以提高学习效率。

★保持充分的睡眠。睡眠是大脑的主要休息方式，睡眠充足才能使大脑消除疲劳；保证大脑正常工作。

★注意体育锻炼和体力活动。体力活动可以促进新陈代谢，消除大脑疲劳；而体育锻炼可以提高神经系统的反应能力和灵活性，有助于提高视力、听力、观察力和思维能力。

★给自己空间和时间。要将自己从"三点一线"的小环境中解放出来，尽可能多地接触社会、认识社会、适应社会。

02

培养正确的用眼习惯

不戴小眼镜

> 以后要注意保护自己的眼睛。

美美是个漂亮的小姑娘，可是最近却戴上了一个大大的眼镜，原来美美变成了近视眼。那美美的近视眼是怎么形成的呢？因为她太不关心自己的眼睛了，总是躺在床上看书，或者在强光下看书，要不就是长时间玩电脑游戏，眼睛是很脆弱的，这么一折腾，不近视才怪呢！

亮亮喜欢看电视和玩电脑游戏。可是最近他总是眯着眼睛看东西，看书、写字时离书本很近，看书时间超过20分钟就出现眼胀、酸痛等视力疲劳现象。爸爸

带他去了医院，结果医生说亮亮患了近视，需要戴近视眼镜了。由一双视力正常的眼睛变成近视眼，这也是由于他没有养成健康的用眼习惯造成的。

眼睛是心灵的窗口。而且近视必然会影响到我们的生活，因此，我们要养成健康的用眼习惯，远离近视眼。即使已经近视的同学，也要注意用眼卫生，不能让近视的度数加深。在这里，我们来告诉你正确的用眼习惯，按照要求去做，你就会拥有一双健康的眼睛。

做一做

★ 日常注意保护眼睛。平时不要让眼睛过于疲劳。从小注意保护，才能有一双健康的眼睛。

★ 眼保健操是一种有效的保护眼睛的自我按摩方法。眼保健操通过自我按摩眼部周围穴位和皮肤肌肉的方法，达到刺激神经，消除眼睛疲劳的目的。

★ 选择合适光源。不在强烈的日光下看书。光线阴暗时，用台灯看书比较适宜。要养成不在摇动的车上看书，不躺在床上看书，走路时不看书等习惯。

★ 饮食养眼。多吃对眼睛有益的食物，如含有丰富维生素A的食品（牛奶、蛋黄、动物肝脏、鱼肝油、新鲜蔬菜、水果等）。

记一记

爱眼健康歌

看远看近，看近看远，看看美丽的世界。

不要太累，让眼睛休息一会，不要怀疑。

若是你觉得好累，闭上眼睛，做做深呼吸。

看上看下，看左看右，让眼睛转一圈。

举手弯腰，深深呼吸，放松你的眼。

远视近视，还有散光眼，离我远一点。

青菜水果，要多吃，做好视力保健操。

卫生标兵我来当

培养讲究卫生的习惯

卫奇奇的母亲是位医生，因为职业的关系，她特别注意培养女儿的卫生习惯。妈妈跟奇奇说："要做个讲卫生、爱清洁的孩子，这样别人才会喜欢你。比如说饭前便后一定要洗手。"

奇奇问："为什么饭前便后要洗手呢？"妈妈说："因为手每天要碰各种各样的东西，会沾染很多细菌，要是在吃饭前不洗干净，吃饭时将细菌吃进肚子里就会长出虫子来。有虫子，就要去医院打针吃药了。"等她稍大一点，妈妈还进

一步告诉她，饭前便后洗手可以预防各种肠道传染病、寄生虫病。

每次奇奇洗手时，妈妈都为她准备好肥皂、擦手毛巾，并告诉她手心手背都要洗，有时还耐心地给奇奇做示范。

现在，奇奇每天早晨起床后，都自己洗脸、洗手。尤其是吃饭前，从来都不用别人提醒，就会主动去洗手、打肥皂，把手擦干。奇奇现在已经完全养成了良好的卫生习惯。

也许有的人感到天天洗洗涮涮的太麻烦了，如果你这样想，那就错了，那只会给自己带来更多的苦恼。下面是冬冬的故事，看看他遇到的烦恼吧。

冬冬是个小男孩，他以前不讲卫生，总是把自己弄得脏脏的，手指甲很长，还夹杂着污垢，鼻子上总是挂着鼻涕。班里同学都不爱和他坐在一起。后来，当老师带着他看了显微镜下手上的细菌后，在父母的催促下，他渐渐地变得爱干净了。每天早上刷牙洗脸可认真了，还特别仔细地整理头发。现在，他惊奇地发现，再也没有人嫌他脏了，原来不喜欢他的同学也开始和他交朋友了。

干干净净迎接每一天，不是说出来的，而是做出来的。一个人是否干净，体现在无数个细节中。看一看下面的"做一做"的内容，并坚持按照里面的方法去做，相信你就会养成良好的卫生习惯！

第**1**章

健康习惯

记一记

忽略了健康的人，就等于在与自己的生命开玩笑。

——陶行知

做一做

★ 勤洗澡，洗头。青少年正处于身体发育阶段，每天的新陈代谢非常旺盛。因此，要经常洗澡、洗头，同时，要每天更换内衣和袜子。

★ 注重牙齿健康。不仅早晚要刷牙，每次饭后都应该刷牙。

★ 定期整理和清洗书包。最好每月刷洗一次书包。

★ 携带纸巾或手绢。把它们放在书包或衣兜中方便取出的地方。要吐痰或者擦鼻涕时及时取出。用过的纸巾不要随地乱扔。

04

培养锻炼身体的习惯

我运动，我健康

"生命在于运动"是古人总结出来的经验，它指出了运动与身体健康的密切关系。体育锻炼有利于我们的健康成长，锻炼可使人体各种器官的功能得到增强，身体强壮了，学习起来就会有精神，并且取得良好的学习效果。体育锻炼还可以帮助我们培养耐心和毅力。所以，我们从现在开始就要养成锻炼身体的好习惯。

健康的身体是生活和学习的前提条件，只有身体健康了，才能很好地管理时间，并按照自己的计划把事情完成。

想要拥有健康的身体，首先就要吃各种食物，以摄取各种营养成分，同时也要培养早睡早起的生活习惯。

此外，还要选择适合自己的运动。适当的运动，不但能保证身体的健康，还能增强个人活力，让身体随时保持平衡，有助于集中注意力思考学习。

有时候学习太紧张，我们往往很少主动去参加运动，长时间的伏案学习后，脑细胞得不到充足的血液和氧气供应，容易出现疲劳，感到头昏脑涨。也有的时候，因为一些不同的事情，我们会感到沮丧、困惑或无聊。

在这些情况下，或许我们能采取的最好办法就是：停止学习，或者调整不愉快的情绪，去做一些自己比较喜欢的体育运动，如跑步、打球等活动。运动不仅有利于我们的身体健康，而且还具有解除大脑疲劳、振奋精神、调节心理状态的神奇功效。

没有规定说哪一种运动方式最好。不管是什么运动，只要勤加练习，都能帮助维持自己的健康。当然要注意，如果运动过度，就会造成疲劳，反而有可能会

失去健康；若花大量时间运动，没有顾及到学习和其他事情，也会适得其反，所以凡事一定要适可而止。一般来说，每星期运动3次左右，每次锻炼的时间在20至30分钟之间，长期坚持下去，就能收到良好的效果。

最后，要以平常心去努力锻炼，因为当心里感到平静安定的时候，身体才会跟着感到舒服。从现在开始，选择一两种适合自己的运动，把它长期坚持下去吧！

做一做

培养锻炼身体的习惯：

★要培养自己对体育锻炼的兴趣。培养体育锻炼的兴趣，可以从体育游戏开始，去参加、欣赏各种体育比赛。

★掌握锻炼身体的方法。不当的锻炼非但不能起到有效作用，还容易发生事故。

★根据自己的年龄和体质来选择适合自己的锻炼项目。要根据实际情况来安排运动量，不可盲目，也不可超出自己身体的承受范围。

★要持之以恒地锻炼。体育锻炼只有持之以恒，才会有效果，也只有持之以恒，才能形成锻炼的习惯。

记一记

运动可以代替药物，但药物不能代替运动。

——萨马兰奇

05

培养良好的饮食习惯

不偏食，不挑食

小明现在是三年级的学生，9岁了，可是身高明显比同龄人要矮。体重就更让人担心了，跟叔叔家7岁的堂弟一样重，看上去就像一个又干又瘦的火柴棒。

小明体质很差，经常感冒，跟朋友一起玩时，大家都活蹦乱跳的，可小明跑几步就跑不动了，不得不在一边歇着。他的身体没法用正常的儿童成长标准来衡量，爸爸妈妈都快愁死了。没办法，只好带着他到医院去看医生。医生对小明进行了全面的身体检查，最后得出结论：偏食症。是偏食让小明长得又瘦又小。

原来小明太偏食了，他只爱吃带咸味的东西，而且是那些有各种调料的零食，从不正常吃饭。每次吃饭无论大人怎样劝说也吃不了几口，爸爸妈妈怕他饿着，就只好按他的要求给他买那些零食充饥。久而久之，小明

身体里的营养摄入失衡了，造成了生长发育不良。针对这种习惯，小明和爸妈在医生的建议下开始克服偏食的习惯，经过几个月的努力，小明的身高体重都有了明显上升，渐渐接近同龄人了。

那什么是偏食呢？偏食也就是挑食，就是只喜欢吃某一类食物，比如有人只爱吃水果，有人只爱吃瘦肉，有人只爱吃零食，而且已经形成了习惯，父母的说教也不起作用。 偏食和挑食是非常影响生长发育的，偏食和挑食的孩子不是营养不良、瘦小体弱，就是营养过剩、肥胖超重。因此如果你有偏食和挑食的习惯，现在就一定要改正了。

我们正处在身体快速生长发育的重要时期，这个时期一定要补充各种营养成分，要多吃些富含各类营养的食物。只有各类营养成分都充足了，我们的身体才

第1章
健康习惯

记一记

营养健康歌

苹果消食营养高；

黄瓜减肥有成效；

葱辣姜汤治感冒；

大蒜抑制肠胃炎；

菜花常吃癌症少；

猪牛羊肝明目好；

盐醋防毒能消炎；

花生降醇亦健胃；

瓜豆消肿又利尿；

抑制癌菌猕猴桃；

香蕉含钾解胃火；

禽蛋益智营养高；

芹菜能降高血压；

西红柿补血驻容颜；

健胃补脾吃红枣。

能像小树苗有了阳光和雨露一样快速成长。

偏食和挑食是坏习惯，纠正起来需要长时间的努力，为了拥有一个健康的身体，要有毅力长期坚持下去。

做一做

★我们正处于长身体的时期，不能想吃什么就吃什么，这样会养成挑食、偏食的习惯。要按照家长的安排吃东西，父母在做饭时是非常注重营养搭配的，餐桌上的饭菜每样都要吃一些。要少吃零食。

★吃饭时不要看电视。电视画面会分散我们的注意力，造成食欲下降。

★每顿饭都要吃。要认真对待吃饭，不能因为贪玩就不好好吃饭。早餐要吃饱，午餐要吃好，晚餐要吃少。

★必要时去看医生。因为体内缺少了一些微量元素或者是患了某种疾病也会偏食，这就需要治疗了。

06

学会正确的站姿和坐姿

培养良好的身姿习惯

　　新学期开始了，冬冬升到了小学四年级，书包也变得沉多了。可是他的坏习惯却没有改变，坐没坐相、站没站相，看书学习时眼睛离书本很近，嘴巴快要啃到书本了。懒散的姿势让冬冬看起来没一点精神，他本人对学习也总是提不起兴趣。冬冬的这些坏习惯也不是一天两天了，在家里，爸爸说说还管用，一离开家，又变成老样子。如今开学了，他又把这些坏习惯带到新学期了。

　　再看看教室的其他同学，像冬冬这样"坐没坐相、站没站相"的还有五六位呢！他们走起路来含胸低头，一上课就"趴"在课桌上，小小年纪，就弯腰驼背的。如果长期保持这种错误的姿势，很容易导致脊椎偏离正常位置，从而形成脊柱弯曲、畸形，成为"虾米背"。

或许是现代舒适生活的影响，许多同学都不能很好地站、坐、走。不正确的站姿、坐姿、走姿给身体带来的最大不利影响是引发脊椎骨弯曲，影响身体的正常发育，严重的甚至影响身体健康。大家都知道，脊椎骨是人的"顶梁柱"，它要是歪了，就如房子的支柱歪了一样，不知道什么时候就有倒下来的危险。脊椎骨的骨头一共有30多块，像积木一样叠起来，软骨使它们相互连接起来，这样就能使身体前后左右弯曲和扭转。如果平时有不良的形体姿势，就有可能使具有压缩功能的软骨部分遭到破坏或磨损。脊椎正中间有制造红血球

的脊髓和神经束，本来从头部到尾骨是畅通的，现在说不定哪里就有损伤，就会使整个身体发生障碍。

这样看来，养成正确的形体姿势，对每个人的健康是十分必要的。因此，我们要养成良好的站、坐、走习惯。

做一做

我们可以从三个方面养成良好的站、坐、走习惯：

★防止坏姿势，学习好姿势。在坐着看书、写作业或看电视时，要采取正确的姿势，不要弯着腰、含着胸，也不要随意歪靠在椅子上。

★多做双侧运动。许多人都习惯用右手提物，端东西，身体的长期单侧运动可能会形成身体双侧肌肉发育不平衡，这时可以多练习一些需要双侧都参与的活动，为形成正确的形体姿势提供坚实的基础。

★观察自己的形体姿势。可以让父母有选择地捕捉自己的一些形体姿势，用照相机拍下来。这些照片可以反映出自己都感到意外的身体形象，这样可以更好地强化克服不良形体姿势的决心。

记一记

坐姿歌

身体坐正腰挺直，
双脚平放肘架起。
胸离桌沿一拳远，
眼离书本一尺远。
集中精力心专一，
学习优秀得第一。

07

培养早睡早起的习惯

一日之计在于晨

清晨6点钟，闹钟的铃声划破了黎明的宁静，睡梦中的明明醒过来，伸手关掉闹钟，翻个身，继续睡觉。

这时，妈妈的喊叫声突然响起："明明，赶快起床了！约好从今天起要跟着爸爸一起去公园晨练的，不是吗？"明明翻了个身，继续睡。快要进入梦乡时，妈妈摇醒了他。

明明实在是不愿起来，但妈妈似乎没有要放弃的意思，并且把被子掀起来。

明明很无奈地脱掉睡衣，换上了运动服，和早就起床的爸爸一起去公园锻炼了。

虽然还是黎明，但已经有很多人在公园里边锻炼了。在人群当中，明明发现一个非常熟悉的面孔，原来是隔壁班里的耿星。在公园里意外碰面，两个人都很高兴。

回去的路上，爸爸说："刚才那个孩子应该学习很好。"

"哦！爸爸你怎么那么了解呢？"明明惊讶地问。

"这个孩子每天清晨都来这里运动，并且精神抖擞地向人打招呼，又有一双清澈的眼睛……这孩子肯定很聪明。"

"爸爸，以后我也天天来！"明明说。

"那好啊，养成早睡早起的习惯，我保证那些瞌睡虫不会再来纠缠你！"爸爸笑着说。

早上的空气很新鲜，周围也比较安静，而且人的心情在这个时候一般都很好，所以精神状态也比较好。在这种情况下学习，肯定能收到事半功倍的效果。

而晚上就不一样了。经过一天的学习和活动，此时身体和精神都比较疲倦，如果再继续熬夜，就更加疲惫了。更严重的是，如果熬夜，第二天上课的时候就

会打瞌睡，不能好好听课，这样长期下去形成恶性循环，怎么能取得好成绩呢?

我们的身体在早晨锻炼后，能一整天充满活力。我们的大脑也是如此，晚上精神疲惫地学习，不如利用清早一边呼吸新鲜空气，一边花一点时间学习，不但事半功倍，更可提高记忆力。

良好的睡眠不仅可以使大脑得到休息、放松，还可以帮助你巩固白天学过的知识。有时你会惊奇地发现，头一天不太清晰的学习内容，到了第二天早晨，竟然已经想通了。

所以，我们要养成早睡早起的习惯，保证充足的睡眠，告别瞌睡虫，轻轻松松学习!

做一做

解决爱睡懒觉的问题，养成早睡早起的好习惯可以从这几个方面开始：

★ 保证睡眠时间。必须保证睡眠时间的充足，才能使自己精力充沛，健康活泼。根据我们小学生的生理特点，医生告诉我们每天的睡眠时间需要9-10小时。

★ 适当午睡。午睡时间多少，什么时候午睡最理想，要根据具体情况而定，最好以健康状况来做依据。

★ 按时作息。按时作息最大的好处是生活有规律，人体生物钟不会被扰乱，有利于身心的发展和健康。由于各种学习活动可按计划进行，学习、工作的效率也会提高。按时作息，还能较好地避免懒散的习气，从而养成积极学习、勤奋向上的好习惯。

记一记

只知工作而不知休息的人犹如没有刹车的汽车，极其危险；不知工作的人则和没有引擎的汽车一样，没有丝毫用处。

——福 特

人生的意义，就在一个选择

人生好比两瓶必须要喝的啤酒，

一瓶是甜蜜的，一瓶是酸苦的，

先喝了甜蜜的，其后必然是酸苦的。

——（英）萧伯纳

第 **2** 章

生活习惯

08

自己的事情自己做

培养独立自主的习惯

当小燕子的羽毛慢慢长丰满的时候，燕子妈妈就要开始教给她飞翔的本领了。

今天和往常不一样。往常总是燕子妈妈将小虫叼到窝里喂小燕子，可是今天太阳都落山了，小燕子还没有吃晚餐。燕子妈妈嘴里叼着虫子，就在不远处飞翔。小燕子饿坏了，心想："妈妈怎么还不给我吃东西啊？"

"来吧，孩子，试着飞过来。"

　　"可是，妈妈，我不敢，我不会飞啊！"小燕子害怕地说，"离地太高了，万一掉下去怎么办？"

　　"来吧！飞是迟早的事情，我们还要飞越高山、大海，不学会飞，怎么行呢？你的哥哥姐姐已经会飞了，你要向他们学习，勇敢一点。"

　　虽然害怕，可是实在是太饿了，小燕子看着妈妈，还有勇敢的哥哥姐姐，终于拍着翅膀试着飞起来。

　　"太好了，你也成功了！"哥哥姐姐高兴地祝贺她。

　　小燕子终于学会了飞翔，有了自立的能力，能够自己去寻觅食物，不用妈妈整天喂她了。

　　试着想想，如果小燕子没有学会飞翔，不能够自立，那么她如何养活自己，如何飞越高山、大海，在南方过冬天，在北方度过夏天呢？

　　小燕子尚且如此，更何况我们人类？从现在开始，不能再事事依赖父母了，不管是在学习上还是生活上，要自己的事情自己做，要学会自立。

自己的衣服要自己洗，父母工作忙的时候，要学会自己做饭。生活中的点点滴滴都可以当成锻炼自立能力的机会。只有这样，你才可以更好地掌握自立的本领，将来外出求学，走上社会，就不必依赖别人，就能自己照顾自己。

从现在开始，动手做我们力所能及的事情吧！

做一做

★整理学习用品。收拾学习用品，整理书包，记住和准备好自己第二天该带的东西。不要总是丢三落四，依赖别人提醒自己。

★安排好自己的学习时间。自己解决学习中的问题。不要把今天的事情拖到明天，不要让爸爸妈妈和老师催促后才去读书、写作业。

★搞好个人卫生。自己收拾、打扫自己的房间；摆放好自己的衣服、日常用品并保持干净整洁，不要随手乱放，等待爸爸妈妈整理和清洗。

★饭后收拾碗筷。吃完饭收拾和清洗碗筷也是自己的事情，不仅要清洗自己的碗筷，爸爸妈妈的也要洗。

第**2**章
生活习惯

记一记

不管你预备要走哪一条路，顶顶要紧的是先要为自己做好准备。你不能赤手空拳地开始你的行程，你必须用知识把自己武装起来，你必须锻炼出强壮的身体和足够的勇气。

——宋庆龄

09

随手收拾物品

培养物归原处的习惯

　　我们有的同学总是爱乱扔东西，把东西弄得满屋都是，大人总要跟在后面收拾。也有的同学会将自己的东西放得整整齐齐，不用家长操心。无论哪种行为都不是天生的，而是从小培养的。

　　10岁的凯文有个令人讨厌的坏习惯，他每天放学一回到家，就把他的书包、鞋、外衣扔到起居室的地板上。虽然凯文偶尔也会按妈妈的要求把东西都摆放好，但大多数时间都是随地乱扔。对此，妈妈试过很多方法来矫正他这个毛病，但无论是提醒他、责备他、惩罚他，都无济于事，凯文的东西仍旧堆在地板上。

生活中，还有很多类似的事情。比如，有的同学在家里会把用过的东西到处乱放，下次急着用的时候就会找不着。尤其是在早晨上学的时候，找不到红领巾、小黄帽、袜子等物品，只能一边着急，一边发动全家人一起帮着找。这样，不仅给自己添了麻烦，也给家人添了麻烦。也有的同学在图书馆看书时，看前耐心寻找，看后却随手一放，不管他人寻找是否方便。

可见，随便乱扔东西既不利于自己，也不利于他人，那么，怎样才能把东西摆放得井井有条呢？

首先要做好你自己的事情。因为自己的事都做不好的人，大多缺乏责任心，更难以体悟他人的感受和辛苦。因此，如果你想养成这个好习惯，就先学着做好自己分内的事情。

其次，珍惜别人的劳动。不做破坏他人劳动成果的事。在家里，爱护父母打扫过的房间，珍惜妈妈做好的每一顿饭菜；在学校，珍惜老师辛苦备课的成果，认真听课；在路上，珍惜清洁工人的劳动，爱护公共环境。

第三，在家里、学校里用过的东西要放回原处。在取某一个物品之前，先看看它原来放的地方，用过之后尽快放回去。如果当时没有时间，过后也要自己整

第2章
生活习惯

记一记

我觉得人生求乐的方法，最好莫过于尊重劳动。乐境，都可由劳动得来；苦境，都可由劳动解脱。

——李大钊

理用过的物品。在学校图书室里看书，看后也要放回原处。开始做这些事情时，可能会不情愿，但坚持下去做一段时间以后就形成了习惯，以后看见杂乱的场面都会感到不舒服的。

做一做

如果你有乱放东西的坏习惯，可以试试以下的纠正方法：

★给自己准备几个大纸盒。针对你爱把东西扔在地上的行为，可以用几个大纸盒，把东西都扔到纸盒里。

★经常和父母一块儿整理房间，整理好了，一起欣赏。这样你可以感受整洁的房间所具有的美感。

10

细心观察，做一个发现美的人

培养善于观察的习惯

　　善于观察是一个非常好的习惯。只有观察，我们才能认识事物；只有观察，我们才能开动思考的机器。观察是聪明的眼睛，没有敏锐的观察力，就谈不上聪明，更谈不上成材。然而，很多人都没有这种好习惯，他们只是感觉到了，但并没有把这些信息传递给大脑，将信息加工和处理。结果，在观察事物时，就不能真正理解事物。只有用积极的心态去观察，用开放的眼光看世界，才能发现事物的独特之处，得到我们需要的东西，取得成功。

善于观察是通向成功的桥梁，是任何一个人不可或缺的能力。大到对周围环境的观察，小到对一只蚂蚁的观察，都可以体现出你的观察力如何。

11岁便考入哈佛大学的塞德兹小时候就善于观察。有一天，父亲给小塞德兹带回了几块眼镜片，有近视镜片，也有花镜镜片。小塞德兹对新奇的事物一向感兴趣，他把镜片架在自己的眼睛上玩，没过一会儿就大叫眼花，只好把镜片举到离眼睛较远的地方，这样才能看清楚镜片后的东西。父亲任他淘气，不去管他。当小塞德兹一只手拿着近视镜片，一只手拿着花镜镜片，一前一后地向远处看时，他看到了什么呢？远处教堂的尖塔竟然来到了他眼前。

小塞德兹高兴地大叫："快来看啊，爸爸，礼拜堂的尖塔就在这里！"

从此，他懂得了望远镜的原理并亲手制作了他的第一架望远镜。

我们在学习和生活中，也同样要学会观察。良好的观察能力，是提高整个学习能力的基础之一，更是我们认识世界、增长知识的重要途径。很多事例表明，观察力的强弱对学习的好坏有直接影响。如在语文拼音、识字学习中，有些拼音、生字的字形、写法只有细微差别，只有认真观察才可能看出来，而观察力较差的人就常把它们认错或写错。怎样培养善于观察的好习惯呢？

第**2**章
生活习惯

记一记

到生活和习俗里去找真正的范本，并且从那里吸收忠于生活的语言。

——贺拉斯

做一做

★ 明确提出观察的目的、任务，学会观察的方法。观察的目的决定观察的方法。观察景物，要有远近、内外、上下、左右、前后的顺序。

★ 观察时，与想象紧密结合。恰如其分的想象，会使观察插上翅膀，意境更加广阔。

★ 争取更多观察自然和观察社会的机会。比如观察星空、观察大树、观察小猫小兔，观察市场上的繁荣景象，观察大街上一幕幕的场景。

11

让网络做自己的良师益友

培养健康上网的习惯

一名沉溺网络游戏虚拟世界的13岁男孩小艺，选择了一种特别的方式告别了现实世界：他站在天津市塘沽区海河外滩一栋24层高楼顶上，双臂平伸，双脚交叉成飞天姿势，纵身跃起朝着东南方向的大海"飞"去，去追寻网络游戏中的那些英雄朋友：大第安、泰兰德、复仇天神以及守望者……

小艺是家中的独生子，从小跟姥姥长大，学习成绩一直不错。可是在升入四年级的时候，小艺的成绩急速下降，后来爸爸才发觉小艺迷上了网络游戏。

有一次小艺失踪了，两天一夜不见人影。小艺的父亲和母亲一个网吧一个网吧地去寻找，终于把他找回了家。经过父母的一番教育后，小艺哭着说："我错了，我一定改！"

尽管小艺屡次保证不再进网吧，但这位13岁少年没能控制住自己，后来连着两天又失踪了。父母只好又一个网吧一个网吧地找，最终找到他时，他已两天没吃饭了，脸色苍白，浑身都软了。这时的小艺已经中网络游戏的毒害太深了，他管不住自己，一再痴迷于网络游戏中的情景，最终走上了死亡之路。

网络游戏，是一种网上娱乐形式，偶尔玩玩网络游戏，可以开发人的智力，锻炼我们的动手能力和快速反应能力，但若痴迷于网络游戏会损害健康、荒废学业，甚至成了点燃死亡的导火索。

长时间玩游戏的人会患上一种"游戏综合征"，出现情绪低落、头昏眼花、双手颤抖、疲乏无力、食欲不振等症状，还会伴随出现如植物神经功能紊乱、激素水平失衡、紧张性头痛等一系列疾病。

有的人加入了网虫的队伍。在网上或爱、或恨、或疯狂、或聪明、或糊涂……真真假假地活着。这些人生活在虚拟的网络世界里，与现实生活彻底脱节了！

我们这个年龄，自制力一般比较差，经常玩网络游戏容易上瘾，晚上不睡觉，上课打瞌睡，时间一长，沦为游戏的"奴隶"，就会把自己的主业——学习忘到九霄云外了。沉迷于游戏的孩子一般都学习不好。网络游戏已成为令我们分心、家长担心、教师烦心、学校忧心的"洪水猛兽"。如果我们已经沉湎于网络游戏中，必须采取恰当措施帮助我们摆脱诱惑，克服迷恋网络游戏的坏习惯。

做一做

要做一个健康上网的网民，应该按照下面的方法去做：

★不要玩色情、暴力的网络游戏。这些游戏最容易上瘾，玩个没完没了，很多人就是被这种游戏所迷惑，不能自拔的。

★ 在玩游戏中培养自制力。约束自己无休无止玩游戏的倾向，平时每天玩游戏最好不超过45分钟，周末、节假日每天最好也不要超过3小时。

★ 多玩益智类、运动类的游戏，发展多方面兴趣。在玩游戏中及时发现自己其他方面的潜质，积极参加教育部门或少先队组织的兴趣小组或科普、体育、文化活动。

★多与现实中的人交往。我们的成长离不开与同龄人的密切交往，离不开深刻的体验。与朋友建立深厚的友谊，是避免网络诱惑最重要的保障。

第**2**章
生活习惯

记一记

健康上网歌

网上世界虽美妙，
健康上网最重要。
切莫贪恋要记牢，
节奏快慢调节好。
半个小时歇歇眼，
一个小时伸伸腰。
网络游戏虽好玩，
切莫过度沉溺了。

12

一屋不扫，何以扫天下

培养热爱劳动的习惯

　　有这样一个真实的事情：在杭州拱墅区一所小学里，班主任老师到教室检查卫生。她刚走到教室门口就愣住了：正在洒水扫地、抹桌和擦黑板的，不是班里系红领巾的学生，而是他们的爸爸妈妈。

　　爱劳动是一种优秀品德，也是我们生存的重要条件。英国著名教育家洛克雷说过："一切教育都归结为让学生养成良好的习惯，往往自己的幸福都归结于自己的习惯。"这句话告诉我们，热爱劳动的习惯是可以从小培养的。可以说，养

成爱劳动的习惯是我们未来"幸福"的可靠保障。

山东淄博某小学有位学生赵晓亮，家长对他十分宠爱，许多事情都要替他做。在家里家长为他整理书包；怕学校值日累着他，妈妈就到学校替他做；做作业怕用脑过度，爸爸便告诉他答案，有时还代做；家务活从不让他伸手。结果小队活动时老师让他收一下游园门票，他连票都数不清。

像赵晓亮同学这样的人生怎么会有长久的乐趣可言呢？要享受真正的人生，享受真正的生活，就必须从事这样或那样的劳动。只有在劳动中，人们才能找到无尽的快乐，才能创造美好的生活。而懒惰、好逸恶劳是万恶之源。劳动是成功的本源，因为美好的东西如果轻易得到，我们就会毫不在意，只有付出相应的劳动和汗水，才会懂得珍惜。很多的优秀人物，无一不是在苦难中，在贫困的环境下，通过勤奋学习，取得优异成绩的。

而现在生长在城市里的青少年，往往就像温室里的花草一样，很少经历风吹雨打，不懂世上还有"艰辛"二字，缺少把劳动作为美德的最朴素的理解。而要获得这种理解，体会这种艰难，培养起对劳动的兴趣，只有让自己亲身去体验劳动的艰辛和乐趣。

做家务是培养我们的动手能力和劳动习惯的好方式。一些细微的手指运动，如择菜、剥玉米、剥蒜等，既让我们学会了家务劳动，又有助于我们智力的发展。尽早地做一些力所能及的家务活，如自己叠被、穿衣服、洗手、洗脸、刷碗等，可以使我们养成自己的事情自己做的好习惯，培养自理能力。做力所能及的事，可以增强我们的独立意识，有助于我们的身心健康。

做一做

对劳动习惯的培养，你可以考虑从以下几个方面着手：

★要有正确的态度。正确认识参加家务劳动不是为了减轻父母的劳动，而是为了养成热爱劳动的习惯，培养责任感、义务感、独立性、自信心。当然，如果自己有不会的地方，可以请爸爸妈妈给自己以具体指导，帮助自己按时把事情做好，但千万不可让爸爸妈妈包办代替。

★提高参加家务劳动的兴趣。可通过游戏的方式来提高自己的劳动兴趣。例如你可以跟爸爸妈妈比赛谁擦桌子干净，谁洗手帕溅在地上的水少等等。

★对家务劳动要有具体分工。可以要求爸爸妈妈对全家的家务劳动进行具体分工，明确各自的任务，还应提倡协作。争取做到自己的事自己干，家里的事帮着干。

记一记

完善的新人应该是在劳动之中和为了劳动而培养起来的。

——欧 文

13

珍惜生命，学会保护自己

培养善于自我保护的习惯

我们中间的很多人，都是家里的"一棵独苗"，父母对我们的照顾可以说是无微不至，尤其是对我们的人身安全更是担心：上学放学亲自接送，回家后也不允许独自外出与小朋友玩，只能关在窄小的空间内，家用电器、炉具一律不准摸，怕发生意外。

但是，父母这种做法却只能给我们带来暂时的安全，并不能真正给我们一生的平安，相反还会给我们留下安全隐患。要想真正地安全，关键是要学会保护自

己，要培养安全意识，主动防止危险的发生。

1994年12月31日吉林某大学教学楼一学生在室内吸烟，将用后未熄灭的火柴棒，随手扔在木质地板上，掉进地板的窟窿里，引燃地板下的可燃物酿成火灾。火灾烧毁教室19间、语音室1间、阶梯教室1间，过火面积955平米。校园内发生火灾主要原因是违章用火用电、电气线路老化、人为违反消防安全管理制度和消防安全措施不落实所致，校园内一旦发生火灾不仅给国家和个人财产造成损失，甚至危急生命，而且还会严重影响校园安全和校园各项秩序。麻痹大意、掉以轻心导致的火灾事故教训应在我们心中警钟常鸣，才能确保校园长治久安。

你大概不知道，在所有的交通事故当中，日本的伤亡人数是比较少的，因为日本人很有安全意识。比如，他们一进陌生饭店，就会问防火通道在哪里，这样一旦发生火灾，就可以知道从哪里疏散。再比如，乘飞机，如果飞机出现故障，很多乘客会因为没系安全带，或者是提前解下安全带而摔得头破血流。但是通常日本人在飞机不停稳时就绝不解下安全带，所以他们的伤亡数往往很少。再想想，如果我们每个人都能像他们一样有很好的自我保护意识，那在危险来临时是不是就不会酿成惨剧了呢？

年少的我们，觉得自己大了，不再需要父母带着外出了，能独立

第2章
生活习惯

记一记

交通安全歌

过马路，神集中，

左右看后再行动；

车辆近身莫慌乱，

或立或退不抢行。

大集体，有活动，

千万不能独自行；

独行不仅违规定，

出了事故没照应。

记住此歌要认真，

安全才能有保证。

到公共场所了。可是，我们的安全防范意识仍然没有普遍形成，或者缺乏相关的安全常识。因此，从现在开始，你就要掌握一些安全知识，学会自我保护，珍惜自己的生命。

做一做

在培养安全意识上，需要做些什么呢？请看下面：

★掌握基本的安全知识。我们这个年龄，有必要掌握一些基本的安全知识，例如：家用电器的使用安全和注意事项；不要随便与陌生人搭话或吃陌生人给的食物；注意保护自己的身体等。

★掌握意外事故的应急措施。懂得应急措施非常必要，例如：煤气泄漏时要先切断气源，开窗通风，千万不能马上开灯、关电子打火开关，否则会引起爆炸。

★培养自控力。有的人也懂得安全知识，但自控力差，因此，有时玩起来忘了安全，造成自己受伤或损伤别人。因此，平时要注意增强自控力。

14

谁知盘中餐，粒粒皆辛苦

培养勤俭节约的习惯

　　有两个年轻人一同寻找工作，一个是英国人，一个是犹太人。他们都怀着成功的愿望，寻找适合自己发展的机会。

　　一天，当他们走在大街上的时候，同时在地上看到了一枚硬币，英国青年看也不看就走了过去，犹太青年却激动地将它捡了起来。英国青年对犹太青年很蔑视：一枚硬币也捡，真没出息！犹太青年却感慨：让钱白白地从身边溜走真没出息！

两年后，两人又在街上相遇，这时犹太青年已经成了老板，英国青年却还在找工作。

英国青年对此感到不可理解，说："你这么没出息的人怎能这么快发财呢？"犹太青年说："因为我不像你那样绅士般地从一枚硬币上走过去，我会珍惜每一分钱，而你连一枚硬币都不要，怎么会发财呢？"

这就是《一枚硬币》的故事。道理很简单，财富是一点一滴积累起来的。当然，我们在这里提倡养成勤俭节约的好习惯，并不单单是为了要积累财富，这也是一个有品德的人本身应该

具有的一项素质。

但是，有一个调查发现，在一些小学里，学生浪费粮食的现象非常严重，每天都能看到从学校里推出一车又一车的剩饭剩菜，有些饭只吃了几口就被倒掉了。

有的同学认为现在谈节约谈节俭很老土，这种想法是非常错误的。无论何时，一个知道勤俭节约的人总比那些只知道浪费的人更有自制力，更容易成功。很多伟人在这方面就为我们做出了很好的榜样。

崇尚俭朴、反对奢华、艰苦奋斗历来是中华民族的传统美德。当年，美国记者斯诺在延安看到毛泽东等中共中央领导人吃的是粗糙的小米饭，穿的是用缴获的降落伞改制的背心，住的是简陋的窑洞时，他便感慨地称赞这是存在于共产党

人身上的"东方魔力"，并断言这种力量是"兴国之光"。而事实也证明，我们中国正是靠这种力量不断走向强大的。

现在，虽然我们每个家庭的经济能力都得到了大幅度提升，但依然还有很多贫困地区的孩子不能上学，许多受灾地区的人们吃不饱穿不暖，所以我们很有必要培养勤俭节约的习惯。我们的钱应该花得有意义，应该真正做到物有所值。如果能够养成勤俭节约的习惯，就意味着我们有可以控制自己欲望的能力，也意味着我们已经有独立自主的意识。

从今天开始，培养勤俭节约的习惯，拥有这种美好的品质，做一名优秀的小学生吧。

第**2**章
生活习惯

记一记

　　一粥一饭，当思来之不易；一丝一缕，恒念物力维艰。

——古　训

做一做

培养节俭的生活习惯可以从以下几点着手：

　　★吃得要实在。家常饭虽然简单，但父母为了我们的健康成长，是很注意调配各种营养成分的。我们不要挑食、偏食，一日三餐要坚持吃好、吃饱。我们都是学生，没有等级之分，心态和行动都能平衡在同一水平线上，这对我们的成长十分有利。

　　★珍惜学习用品。珍惜学习用品，就是不要因为写错一两个字就撕掉一张纸，不要买实用性不强的学习用品。

　　★给自己准备一个储蓄罐。我们可以给自己准备一个储蓄罐，把自己的零花钱放在里面，积少成多，也许在我们急需的时候会发挥更大的作用。

15

时间像是海绵里的水

培养珍惜时间的习惯

时间就像海绵里的水，只要愿意挤，总是有的。时间的富翁不是靠年岁简单积累的，而是靠使用效率。

美国著名作家杰克·伦敦在家里的床头、墙壁、镜子上贴了许多小纸条，纸条上面写满各种各样的文字：有美妙的词汇，生动的比喻，五花八门的资料。总之，当他在家的时候，不管在哪里都可以随时看到这些纸条上面的文字。外出时，他也不轻易放过闲暇的每一分、每一秒，把小纸条装在衣服口袋里，随时可以掏出来看一看、想一想。成功人士珍惜时间的例子还可以举出很多，我们可以发现，合理利用时间，是一个人成功的基本素质。

"吾生也有涯，而知也无涯"，如何有效地利用和管理时间，关系到学习的最终效率能否提高。合理利用时间的习惯，是良好学习习惯的重要组成部分。它能帮助我们把有限的时间合理地投入到学习中去。

欧阳修是我国北宋政坛、文坛上的重量级人物，是很有影响的政治家、文学家和史学家，曾领导了北宋的古文运动，是著名的"唐宋八大家"之一。作为文学家的他，一生勤奋，笔耕不辍，给后人留下了许多像《秋声赋》《醉翁亭记》《泷冈阡表》等脍炙人口的名篇佳作。有人曾向他请教写作方面的经验，他回答道："为文有'三多'：看多，做多，商量多。"又说："余平生所作文章，多在'三上'，乃马上、枕上、厕上。"意思是：多看书，学习别人的写作经验；多写作，在实践中提高；多与别人商量、研究，虚心求教，力争把文章写得完美。他常常利用外出、就寝，甚至上厕所解手的时候，抓紧时间思考文章。欧阳修勤政爱民，公务繁忙，在上班时间不可能做私事，写诗文就只能利用空余时间。因此，他的许多诗文都构思于"三上"，而非写成于"三上"，这就是欧阳修成功的秘诀。

由此可见，时间管理对提高办事效率，尤其是提高学习效率非常重要。面对相同的时间，善于合理利用时间的人，会取得更多、更大的收获。所以我们要合理地利用时间，养成珍惜时间的良好习惯。

做一做

我们可以通过制定每天的作息时间表，利用好我们的时间，逐步培养珍惜时间的好习惯。做法如下：

★制定一个24小时的作息时间表。

★按作息时间表生活。你要立即执行你的计划，严格按照作息时间表做事情。不要因为你的不良习惯破坏了你的计划，要有一个美好的开始，这一步很重要。

★每天晚上，对照检查。如果没有很好地完成计划，你要查找原因。没完成的事情，及时制定补救措施。

第**2**章
生活习惯

记一记

百川东到海，何时复西归？少壮不努力，老大徒伤悲。

——《长歌行》

培养遵守交通规则的习惯

红灯停，绿灯行

让让，让让，赶时间呢!

2004年4月7日的"世界卫生日"，世界卫生组织专门提出了"道路安全，防患未然"的口号。

交通安全问题在我国一直很严重，据统计，我国因交通事故死亡人数已经连续10多年居世界第一，并且已成为世界上道路交通事故最为严重的国家。

"红灯停，绿灯行"，"过马路，左右看，要走人行横道线。"从幼儿园开始，老师就教育我们要遵守交通规则。许多同学也知道应该遵守交通规则，但

是，在实际生活中，违反交通规则的事情却屡见不鲜。比如，上海地铁一号线人民广场站内，一名女子就是因为被急于登车的拥挤人群挤下站台，当场被驶入站台的地铁列车轧死的。还有一名小学生也因为乘公共汽车时人群过于混乱拥挤而被挤到行驶的车轮下不幸丧生的。

自1980年以来，意外伤害已经成为威胁我国少年儿童生命安全的主要因素，而交通意外伤害无论是发生率还是死亡率都在儿童意外伤害中位居第一。据统计，每年有18万以上的15岁以下青少年死于道路交通事故，导致至少数十万人终生残疾。

不遵守交通规则是导致青少年发生交通事故的主要原因。查阅公安交通部门的交通事故档案可以发现，青少年交通事故的责任方多半是受害的青少年，例如穿越马路时不走人行横道、在公路旁玩耍或不走便道、闯红灯、骑车带人等。

下面的情景你是不是经常遇到？

"嚓"——一个紧急刹车后，一位正在过马路的男生站在路中央，惊吓出一身冷汗，随即迅速地跑向马路对面。随后，更多的同学一边躲避着来往的汽车，一边如跳舞般地跑向马路对面。同学不让汽车，汽车响着喇叭，一时间马路乱成一锅粥。

"别挤！""别挤！"虽然有人在不断地说，但是，当公交车或者地铁驶入站台的时候，候车人群就推推搡搡，根本不等车厢里面的乘客下完车就蜂拥而上。

遵守交通规则不仅是为了自己和他人行路顺畅，也是我们个人修养的体现。更重要的是，遵守交通规则是我们珍惜自己和他人生命的表现。在那些交通事故数字的背后，是生命之火的熄灭，是亲人们的痛不欲生，是家庭永远无法愈合的伤痛。翻一次隔离护栏，闯一次红灯，少走一次人行道，危险就近一步。人的生命只有一次，让我们用实际行动珍视生命吧！

做一做

★走人行道。无人行道的地方须靠路边行走。

★横穿马路或通过交叉路口时，遵守信号灯，由人行横道通过。在没有人行横道的街道，横穿马路时应注意避让车辆。

★不在车道上徘徊或行走嬉闹。

★绝对不在汽车驶近时横穿马路。

★不翻越、攀登隔离护栏等交通设施。

★尽量靠道路右边行走，不占用盲道。

★在站台排队等车并注意"先下后上"。

★车停稳后再上。

★车辆行驶中，身体的任何部位不得伸出车外。

★乘车期间，不多占座位。放置物品时，不应当对他人造成妨碍。

记一记

交通规则歌

同学们，路上走，
精神集中不能忘；
不看书来不打闹，
一心一意过马路；
交通规则不准忘，
养成安全好习惯。

第3章

处世习惯

17

不乱动别人的东西

培养尊重他人的习惯

王刚是刘磊的同桌。最近刘磊的爸爸从国外给他带回来一个多功能文具盒，看着那个文具盒，王刚心里非常羡慕。

放学的时候，刘磊有事去了老师的办公室。留在教室的王刚想让爸爸看一下刘磊的文具盒，好让他照着样子也给自己买一个。他想，反正明天要还给刘磊的，而且自己和他还是好朋友，不说也没关系。于是，王刚一声招呼也没打就把文具盒给拿走了。

刘磊回到教室，发现自己心爱的文具盒不见了，找来找去都不见踪影，可急坏了，他急忙把这件事告诉了老师。第二天上课的时候，老师就向同学们说了这件事。老师说得很委婉，只说也许是哪一位同学太喜欢刘磊的文具盒，没经过允许拿去玩了，没有玩够忘记还给刘磊了，请下课的时候还给他。王刚想举手解释一下，但是那天因为上学走得匆忙，他又忘记把文具盒带回来了。他觉得自己有点解释不清楚。虽然后来他私下里把文具盒还给了刘磊，刘磊也没说什么，但是，王刚还是觉得挺不好意思的。

　　王刚同学的问题就在于他武断地认为同桌是好朋友，他的东西就像自己的一样可以不经过朋友的同意随便拿走，但事情的结果又有点出乎他的意料，所以他才会觉得很不好意思。其实，再好的朋友，也要彼此尊重，因为每个人都有自己的权利，不能不分你我，混在一起。

　　不乱动别人的东西，看起来是一件小事，却和一个人的道德品质有密切关系。我们小的时候，父母会经常告诉我们"不要动人家的东西"。等我们长大一些进入学校以后，爸爸妈妈不在身边，我们又结识了自己的朋友，每天在一起学习，一起做游戏。这时，心里就会不由自主地认为好朋友之间可以不分你我。但实际上，我们每个人都有自己的空间和权利，可以自主地处理自己的东西和事情，不希望别人干扰和破

61

第**3**章

处世习惯

坏。所以，即使是好朋友，也要尊重他们的空间和权利。

从现在开始，就改掉自己乱拿别人东西的坏毛病吧，努力为自己在同学、朋友中间树立一个良好的形象。

记一记

生活里最重要的是有礼貌，它比最高智能、比一切学识都重要。

——赫尔岑

做一做

我们在与他人交往的过程中要注意以下几个方面：

★ 不传朋友的"小秘密"。和好朋友相处，也许朋友会告诉你他（她）的心里话、小秘密，这是朋友信任你的表现。但要知道朋友的秘密是他们自己的，我们不能把朋友的秘密随意告诉其他人，这样会损害朋友的利益。

★ 去别人家里，不乱动别人的东西。也许别人家里有很多好玩的、令你感兴趣的东西，但是一定要控制住自己，不要这边翻翻，那边动动，给别人留下不好的印象。

★ 不乱拿同学的东西。即使是好朋友，也不要随便乱动别人的东西，因为也许你的这种不良行为，正是破坏你们关系的隐患。

18

发现别人的优点，欣赏他人

培养向他人学习的习惯

高有高的长处和短处，矮也有矮的长处和短处，你们都只看到了一个方面。

你看过《长颈鹿和羊》的故事吗？

长颈鹿很高，羊很矮。

长颈鹿说："长得矮不好。"

羊说："不对，长得高才不好呢。"

长颈鹿说："我可以做一件事情，证明矮不好。"

羊说："我也可以做一件事情，证明高不好。"

于是，他俩走到了一个园子旁边。园子四周有围墙，里面种了很多树，茂盛的枝叶伸到墙外来。长颈鹿一抬头就吃到了树叶。羊抬起前腿，趴在墙上，脖子伸得很长，还是吃不着。长颈鹿说："你看，这可以证明了吧，矮不好。"

他们俩又走了几步，看见围墙上有个又窄又矮的门。羊大模大样地走

进园子里去吃草。长颈鹿跪下前腿，低下头往门里钻，怎么也钻不进去，羊说："你看，这可以证明了吧，高不好。"长颈鹿摇了摇头，不肯认输。

他们俩找老牛评理，老牛说："无论高矮，都各有自己的长处和短处。你们只看到了别人的短处，看不到别人的长处，是不对的。"

确实如此，世上最美的玉石也有斑点，更何况我们人呢？俗话说：尺有所短，寸有所长。我们只有正确认识自己的缺点，发现别人的优点，才能不断地向别人学习，不断进步。也只有不断弥补自己的缺点，发挥自己的长处，才能取得更好的成绩。

玲玲就是这样一个爱发现和学习别人优点的女孩，她总能从别的同学身上看到优点。她从来不会看不起别人，对谁都是一样好，经常有同学会对她说一些别人的坏话，最后总是用惋惜的口气说："你怎么还跟他说话啊。"碰到这种情况，玲玲总是淡淡地笑着说，每个人都有与众不同的优点，你看到了自然就能够接受这个人。

在学校的每一天，玲玲都不断地被别人身上的优点打动，她佩服每个同学，总是努力用别人身上的优点来激励自己，抹掉自己身上的缺点，让自己一点一点进步。

期末考试的时候，她得了全班第一，老师让她谈一下自己的学习心得。她说："其实我比不上大家，每个人都比我强。我只是不断学习他们的优点，改掉了自己一个又一个小毛病，才取得进步的。我做到的，其实你们也都可以做得到。"台下响起了经久不息的掌声。

如果你现在对同学的缺点不能容忍的话，现在改正这样的坏毛病还来得及，在"做一做"里我们也会告诉你一些发现同学优点的方法。

第**3**章

处世习惯

记一记

健康的身体是灵魂的客厅，病弱的身体是灵魂的监狱。

——弗·培根

运动是一切生命的源泉。

——达·芬奇

运动可以代替药物，但药物不能代替运动。

——萨马兰奇

健康是智能的条件，是愉快的标志。

——爱默生

做一做

发现同学的优点，学习他们的优点：

★请别人帮忙。当对某个同学身上的缺点看不惯的时候，可以让其他同学或自己的父母帮助自己寻找那个同学的优点。

★向好的同学看齐。当自己犯了错误的时候，可以在全班同学中，在同样的事情上，看谁能做得比自己好。拿自己的短处寻找别人的长处，可以激发上进心，改变对同学的看法。

★向优秀的朋友靠拢。在交朋友方面，多结识比自己优秀的朋友，在交往中不断学习，把自己的缺点转化为优点。

★每天发现一个优点。可以在吃晚饭的时候，和爸爸妈妈一起，寻找同学身上的一个优点。

19

拒绝虎头蛇尾

培养做事坚持到底的习惯

你自己去玩吧，我要读书。

1932年，男孩小学毕业。因为是黑人，他只能到芝加哥读中学，母亲决定让男孩复读一年。她为50名工人洗衣、熨衣和做饭，攒钱供男孩上学。

1933年夏天，家里凑足了钱，母子二人来到芝加哥，母亲靠当用人谋生。男孩则以优异的成绩从中学毕业，后来又顺利地读完大学。1942年，他开始创办一份杂志。

1943年，那份杂志获得巨大成功。但在后来一段反常的日子里，男孩经营的

母亲辛勤地织布养家，供孟子读书。

你怎么这么快就回来了？不用上课了？

偷偷溜出来的，想玩一玩。

一切仿佛都坠入谷底。面对巨大的困难和障碍，男孩已无力回天，他心情忧郁地告诉母亲："妈妈，看来这次我真要失败了。"

"儿子，"她说，"你努力试过了吗？"

"试过。"

"非常努力吗？"

"是的。"

"很好。"母亲果断地结束了谈话，"无论何时，只要你努力尝试，就不会失败。"

果然，男孩渡过了难关，攀上了事业的新高峰。这个男孩就是驰名世界的美国《黑人文摘》杂志创始人、约翰森出版公司总裁、拥有三家无线电台的约翰·H. 约翰森。

约翰森的经历告诉我们：命运全在搏击，奋斗就是希望。而失败只有一种，那就是放弃努力。

很多人一时失意了，受到了挫折，或者失去了一些珍贵的东西，于是就心灰意冷说放弃了。有的人还怨天尤人、愤世不公，却很少想过是否给自己"打造"了一颗坚强不屈的心。如果一个人连一颗敢于面对重重磨砺和困难的心都没有，那么，还有谁会赋予他成功的希望呢？

认真想一想，你会发现，做事情坚持到底，绝不仅仅是某种工作的特殊需要，它是所有事情成功的基本条件，也是成功者的重要品质和基本态度。正是由于有

坚持，我们才会有所收获。

　　如果有坚强不屈的心，就不会轻易动摇，就会坚持把事情做到底；而没有毅力的人，如果做自己不喜欢的事，或是遇到一点点困难，就会很轻易地选择放弃。那么，现在就开始培养自己的毅力，养成坚持到底的习惯吧！

第**3**章
处世习惯

记一记

礼貌是最容易做到的事，也是最珍贵的东西。

——冈察尔

做一做

★不忽略小事，从点滴做起。

★制定具体的目标。如果目标不清楚，或者与我们的知识能力水平相差很远，那么，这类目标就难以完成，也就不可能做到有头有尾。只有那些经过努力可以实现的目标，才可能做到有头有尾。

★无论结果如何，坚持到底。有些事情开始常常比较顺利，做得很好，但后来遇到困难了，可能很难达到你预期的效果。在这种情况下，你千万不可轻易放弃，半途而废。

★学会自我监督和自我激励。执行任务的过程中，我们要不断自我检查、监督，进行积极调整和弥补。

20

十根筷子牢牢抱成团

培养与人合作的习惯

别吵啦，只有你们团结合作，我才是一个完整的人。

有人曾经问一位日本的小学校长："您办学校最注重什么？"校长回答说："教育孩子理解别人，与其他人合作。在现代社会，如果不能与人相互理解和合作，知识再多也没用。"这位校长的话告诉我们，学会与别人合作完成一件事是我们应该掌握的一种本领。可能有的人不同意这种观点，喜欢一个人做事，不喜欢与别人一起做事情，结果又会怎样呢？看看下面《四肢和胃》的故事吧。

四肢看到胃成天不干活，感觉很不公平，他们决定像胃那样，过一种不劳而获的日子。

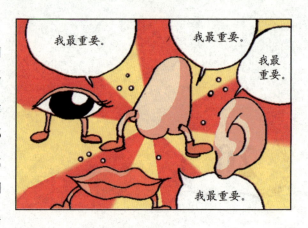

"没有我们四肢，"四肢说，"胃只能靠喝西北风活着。我们流汗流血，我们受苦，我们做牛做马地干活，都是为了谁？还不是为了胃！我们什么好处也没有得到，我们全在忙碌，为他操心一日三餐。我们现在马上停工，只有这样，才会让他明白，他得让我们养着他。"

四肢这样说了，果真也这么做了。于是，双手停止了拿东西，手臂不再活动，而腿也歇下了，他们都对胃说已经侍候够了他，让胃自己劳动，自己去找吃的。

没过多久，饥饿的人就直挺挺地摔倒了。因为心脏再也供不上新鲜的血液，四肢也就因此遭了殃，没有了力气，软绵绵地耷拉在身上。

这下，不想干活的四肢才发现，从全身的共同利益出发，被他们认为是懒惰和不劳而获的胃一样有着重要的作用。

这个故事告诉我们：人与人之间既是一个独立的个体，又是一个密不可分的群体。一个人如果完全脱离社会，那他根本就不可能生存下去。只有懂得他人的重要，自己才会在生活学习中自由快乐。

有一首歌名字是《众人划桨开大船》，中间部分的歌词是：

"一根筷子呀，轻轻被折断，十根筷子牢牢抱成团；一个巴掌呀，拍也拍不响，万人鼓掌哟，声呀声震天，声震天……"

这也在告诉我们要善于与别人协商合作，才能够克服个人力量的不足，壮大集体的力量，从而使每个人都获得进步。因此，加强团结合作是我们每个人成功的基石，也是一个集体成功的基石。

在当今社会，善于合作是一种优秀的品质，如果我们具有合作精神，将更有利于我们个人的发展。因此，我们应该在日常生活中培养与他人合作的习惯。

做一做

★学会欣赏和接受别人。合作就是学习别人的优点，弥补自己的缺点。只有相互认识到对方的长处，欣赏对方的长处，合作才会有真正的动力和基础。

★凡事要想到别人。我们要培养慷慨大方的气度，经常想到别人。

★多参加合作活动。积木、拼板等游戏，足球、篮球、跳皮筋、跳绳等活动都非常有利于培养我们的团队精神与竞争能力。

★学会合作的规则与技巧。我们在与别人合作中既要尊重对方，讲统一，又要有自己的立场。不能只想着自己，要充分顾及到他人的需要。

记一记

一个篱笆三个桩，一个好汉三个帮。

——民间谚语

73

21

学会做一个听者

培养倾听的习惯

陛下，老臣有办法。

古时候，有个小国家派使者到我国来，他们进贡了三个一模一样的金人。这三个金人制作精美，把皇帝高兴坏了。可是小国使者却给皇帝出了一道题目：这三个金人哪个最有价值？三个金人一模一样，要怎么进行判断呢？皇帝急坏了。

最后，有一位已经退位的老大臣来禀报说他有办法。于是，皇帝赶紧召老大臣来到大殿，同时将使者也请到大殿。只见老大臣胸有成竹地拿来三根稻草。插入第一个金人的耳朵里，稻草马上从另一边耳朵出来了。他把稻草放入第二个金人的耳朵，稻草马上从嘴巴里掉出来。当老大臣把稻草放入第三个金人的耳朵之后，稻草掉进了金人的肚子里，什么响动也没有。老大臣解释说："第三个金人最有价值！如果一个人不能耐心听他人讲话，左耳朵进右耳朵出，或者这边听了别人的谈话，那边就给传出去了，这样的人实在不是个有价值的人。"

皇帝和外国使者听了老大臣的一番话都信服地点了点头。

李强同学是一个心直口快的人，在班集体会上或与别人谈话时，总是抢先发言。当别人说话时，常常会被他从中间打断，迫不及待地阐述自己的想法。开始，同学们碍于情面，对他这种做法并没有介意，可时间一长，同学们对他就有看法了，有的甚至不愿意与他过多来往。他很纳闷，为什么大家会这样对待自己呢？

李强同学勇于表达自己的观点没有错，问题就在于他总随意打断别人的讲话，不愿意做个耐心的听众，这是对他人的不尊重，久而久之，自然会引起别人的反感。

认真倾听他人说话，首先必须待人真诚。一个谦虚有礼能够静静地坐下来聆听别人意见的人，是一个心胸宽阔、真诚待人的人。这样的人自然也会受到别人的尊重。在倾听别人说话时，眼睛要看着对方，上身可以微微地向对方倾斜，以全身投入的姿势表达你在入神地听对方说话。即使别人的话让你不是很感兴趣，也要耐心地听人把话说完。或者，你可以巧妙地引导对方转移话题，而千万不要粗暴地打断对方，或表现出厌烦情绪。如果对方说得不对，不要急着去纠正对方的谈话。在别人说话时急切地指出对方话中的过错，是最让人难堪和反感的。

  耐心倾听他人说话，是一种尊重他人的行为，也是一个人有良好修养和谦逊美德的体现。老天给我们两只耳朵、一张嘴，本来就是让我们多听、少说的。善于倾听，才是一个成熟的人最基本的素质。因此，我们要从小养成耐心倾听他人讲话的好习惯。

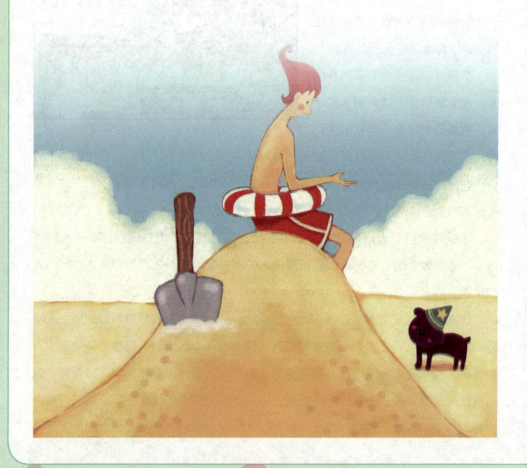

做一做

★注意倾听他人说话，能获得他人的好感，使别人信赖你、喜欢你。

★倾听他人说话，是尊重他人，同时也能得到他人的尊重！

★仔细倾听他人的讨论。不要因为心里想着事情就忽略他人的讨论，因为很可能焦点早已转移到其他新议题了。因此，眼到、心到、耳到，积极参与他人讨论。

★倾听他人陈述或表达意见时，避免不当的肢体语言，例如突然双手交叉摆在胸前并且往后退，代表着你正抗拒或不同意他人的观点。

记一记

对别人的意见要表示尊重。千万别说："你错了。"

——卡耐基

22

面对困难，勇敢地试一试

培养敢于尝试的习惯

原来河水并不深！

只有那些勇于面对困难的人，才有战胜困难、取得成功的希望。而那些躲在避风港中、保护伞下的人注定要在困难面前倒下，不能取得成功。

在一座小山旁边，住着一匹老马和一匹小马。有一天，妈妈对小马说："你把这袋麦子背到磨坊里去吧。"妈妈说着就把一袋麦子放在小马的背上。

小马试了试，一点也不重。可是小马从来没有独自去过磨坊，他有点担心地望着妈妈。妈妈说："勇敢点儿，你能行的。"

于是在妈妈的鼓励下，小马独自背着麦子向磨坊走去。

从小马的家到磨坊，要趟过一条小河。小马走到小河边，看见河水挡在前面"哗啦啦"地流着，心里有点怕了。他多么希望这时候妈妈突然出现帮助他。

可是他没有看到妈妈的影子，无奈，他只好去问问那些已经过河的动物怎么说。牛伯伯说河水浅得很，浅到连自己的小腿都盖不住。小松鼠却说河水深得很，深到曾经淹死过自己的同伴。两个答案都不一样，这可怎么办呢？小马没了主意。

"唉！还是回家去问问妈妈吧。"小马甩了甩尾巴，往家里跑去。

妈妈看见小马回来了，奇怪地问："咦，你怎么回来了呢？"

小马把路上遇到的事情告诉了妈妈。妈妈笑了，说："凡事要自己试一试才知道真正的答案啊！你仔细想想看，牛伯伯有多高，小松鼠又有多高；你再把小松鼠和你自己比一比，就能知道可不可以过河了。"

小马听了妈妈的话，很快就明白了其中的道理，他一口气跑到河边，用前脚试了试水，然后勇敢地走进河里，河水刚好没到他的膝盖，不像老牛伯伯说的那么浅，也不像小松鼠说的那么深。

像小马一样，有很多人在面临问题的时候，首先想到的不是想办法试一试，而是逃避问题，掉头逃跑。这样的人是永远不会有什么收

获的，就像那位种麦子担心天下雨，种棉花怕蛀虫，结果最后什么也没收获的农夫一样，到头来一事无成。他们逃避了痛苦，同时也逃避了享受学习和生活带来的无限乐趣。 在学习和生活中，很多人虽然也知道好多事情不能躲避，但还会在心底存留着那种逃避和寻求帮助的想法。

　　其实，困难也是欺软怕硬的，你强它就弱，你弱它就强。在我们成长的道路上，困难和挑战无处不在，无时不有。 我们只有坚定战胜困难的信念，养成敢于尝试的习惯，才能不断战胜一个个困难，取得成功。

做一做

　　培养挑战困难，敢于尝试的习惯，可以从以下几点做起：

　　★树立不屈不挠、勇敢顽强的意志。在生活中不能遇到一些小困难就请求他人帮助，而应该鼓励自己想办法解决。分析困难到底在哪里，找出化解困难的办法。要鼓励自己树立信心，勇敢面对困难。

　　★确立合适的奋斗目标。生活有梦想才会有滋有味。但梦想如果不切合实际，不建立在客观条件和自己潜力的基础上，就会变成幻想和空想，是不可能实现的。所谓"知彼知己，百战不殆"，"知己"就是正确认识自己，了解自己的兴趣、能力、特长、性格；"知彼"就是认识环境，了解社会。

　　★ 在尝试中体验进步与成功的快乐。认真地去实现人生中一个个"第一次"，在"我能行"的体验中挺起胸，昂着头长大。成功的体验比失败的体验更重要。从小在心灵里播下自信的种子，它会成为我们一生事业成功的基石。

听一听

　　找到《真心英雄》这首歌，认真听两遍，体会歌词的含义。

23

很早的时候，森林里的鸟儿都不会唱歌。直到有一天，从很远的地方飞来了一只很会唱歌的云雀，她的歌声那么婉转动听，感动了森林里所有的鸟。

所有的鸟一致要求云雀教她们唱歌。经不住所有鸟的苦苦恳求，云雀答应了。

开始教歌的第一天，云雀首先教音符。她教一声，大家就唱一声。教了一会，云雀为了检验学生们学习的情况，让她们一个个地站出来单独试唱。第一个是乌鸦，乌鸦扭扭捏捏地站了起来，不好意思地发出了声音。因为她的害羞，发出的音符走了调，大家哄堂大笑起来，这一来乌鸦羞得脸红脖子粗，她喃喃地说："咳！多丢人呀！丑死了！"

云雀制止了大家的笑，为了更准确地纠正乌鸦的发音，她请乌鸦大声再唱一遍。乌鸦却一声也不吭，愤怒地飞走了。

云雀后来让其他的鸟儿来唱，其他的鸟儿最初几次发音也走了调，但那些鸟儿没有像乌鸦那样飞走，而是总结经验，认真听从云雀的指导，耐心地学了下去。后来，森林里其他鸟儿都学会了唱歌，声音悦耳动听，唯独乌鸦到现在还不会唱歌，偶尔叫喊几声，仍然是当初走调的声音。

这个故事告诉我们：坚定自己的信心，虚心向他人求教，才是做好事情的正确途径。而死要面子不肯认错或者逃避学习，只会使自己失去很多工作和发展的机会。

一个谦虚的人能学到更多东西。可是现在的一些同学，往往不能正确对待名誉和成绩，有的人骄傲自满，有的人把集体的成绩看成是个人的。这些不良习惯，最终会影响到个人的发展，甚至会让一个人失去朋友、脱离集体、失去目标，成为一个孤单的人。而当今社会对我们的要求是要想成就事

业，就必须首先学会做人，因此我们要从小就培养谦虚的品格。

一个人如果谦虚就会永远不自满，就会不断学习新知识、新事物，学习别人的长处和先进经验，使自己不断进步。而一些骄傲自满、固步自封的人，最终只会得到失败。"谦虚使人进步，骄傲使人落后"，明白了这个道理，才有利于我们今后的进步和成材。

不要拿自己的长处和别人的短处相比，要用自己的短处比别人的长处，找出差距，向别人学习。有一首歌唱得好："山外青山楼外楼，英雄好汉争上游，争得上游莫骄傲，还有英雄在前头。"让我们从小就培养谦虚的习惯，养成谦虚礼让的品德吧。

做一做

★阅读一些优秀人物的故事。天外有天，人外有人。很多事物的优越性都是相对的，我们所拥有的，永远都微不足道，所以我们没有理由不谦虚一点。

★虚心向别人请教。我们每个人不是任何事情都能做的，都需要周围人的支持和帮助，不要不懂装懂，在需要帮助的时候，敢于求助于别人。

★要正确对待自己取得的成绩和荣誉。不要为自己的一点儿小成绩沾沾自喜，要用一颗平常心来看待，只有这样，才会取得更大的成绩。

记一记

自以为聪明的人往往是没有好下场的。世界上最聪明的人是最老实的人，因为只有老实人才能经得起事实和历史的考验。

——周恩来

24

告诉自己：我是最棒的！

培养自信的习惯

对不起！

有这样一句名言："世界上所做的每一件事都是抱着希望而做成的。"一个人如果没有自信，首先就会被自卑所打倒，更别说取得胜利了。所以，成功的人首先需要树立自信心。我们应该告诉自己——我是最棒的，胜利一定属于我！

跳蚤被人放进杯口覆盖着玻璃板的玻璃杯中，起初，它很想跳出去，但是，每次一跳，总是被坚硬的玻璃挡回来。结果，这只跳蚤由于受过多次挫折，在潜意识里认定自己不可能跳出这只玻璃杯，它便丧失了跳出去的信心，所以即便是杯口的玻璃板被拿走后，它也跳不出玻璃杯。一个人如果像跳蚤一样，在遭受了一些挫折和失败以后，就自我设限，那他就会丧失追求成功的欲望和信心。

没有自信，便没有成功。一个获得了巨大成功的人，首先是因为他自信。自信可以使你从平凡走向辉煌。当你满怀信心地对自己说：我一定能够成功时，人生收获的季节离你已经不遥远了。

詹妮是一个很自信的女孩，她刚上中学的时候，很想进入学校的特别实验班，因为在这个班里学习

的孩子数学水平都很高。但是她的数学基础不是很好，所以她面临很大的压力。

细心的妈妈看在眼里，就劝她不要去什么特别班了。可是詹妮却不同意，她说："我相信自己的能力，我一定能进入这个班级的。"

以后，詹妮下大力气去努力学习。一个学期坚持下来，她顺利地通过了测试，实现了自己的梦想。

自信的人并不是没有压力，而是在面对压力时，不盲目地自以为是，并正确认识自己，从容对待。

刚进中学时，学校里开展了一系列的拓展训练：站在一个七米高的木板上，从一块木板跨到另一块木板。詹妮起初很害怕，她去问教练："两个板之间的距离有多远？"教练说大概是一米到一米三吧！詹妮偷着跑到旁边，在平地试了一下，发现自己使劲跨出去，能跨出一米五六，她心里有数了，完成了"知彼"。她又想：上去就当在平地，最差掉下来也有防护设施，只不过寒碜点而已。于

是，她又完成了"知己"。结果，她又一次成功了。

这件事情让詹妮大受启发：只要做到知己知彼，就有成功的把握。学习也是一样的道理。

自信使詹妮在学校里非常优秀，她多次获得高额奖学金，还获得学校演讲比赛第一名。她到当地一家电视台当了一次嘉宾，不久，就成了这个节目的业余小主持人。

做一做

养成自信的好习惯，可以用下面的方法来培养自信心：

★快乐放松。快乐可以让你不感到劳累，放松可以产生迎接挑战的勇气。所以在奋斗的过程中就应该充满快乐，发掘、调动积极情绪，抵制和克服消极情绪。

★立足现在，挑战自己。不沉浸在过去，也不要沉溺于梦想，而要脚踏实地，着眼于今天。不断寻求挑战，激励自己。

★自我期许、自我激励。暗示和激励要用正面积极的语言，比如说"我一定成功"，而不说"我不可能失败"，说"学习对我来说很容易"，不说"学习并不难"。

★积累成功。成功是一种有力的激励，它可以增加你的信心，给你奋斗的力量。所以，莫以"功"小而不为，成功地做好每一件小事，会激励你去追求更大的成功。

记一记

一个人除非自己有信心，否则不能带给别人信心。

——阿诺德

25

帮助别人就是帮助自己

培养帮助别人的习惯

不要在学习上帮助别人，否则就是扯自己的后腿。

一个人问上帝："为什么天堂里的人很快乐，而地狱里的人一点都不快乐呢？"上帝说："你想知道吗？那好，我带你去看一下。"他们先来到地狱，走到一个房间里，这时正是午饭时间，许多人围坐在一口大锅前，锅里煮着美味的食物。可每个人都又饿又失望。原来他们手里的勺子太长了，没法把食物送到自己的嘴里，所以一直很痛苦。

然后，他们来到了天堂，在同样的房间他们看见了同样的景象，只是这里的人正用勺子把食物送到别人的嘴里。所有的人都显示出快乐又满足的样子。原

来，天堂和地狱的分别，只是人们用勺子的方法有所不同。

看到这个故事，你有什么启发呢？故事告诉我们这样一个道理：如果我们每个人都只是为了自己的利益，而不去想着别人，就会像地狱里的人一样只能看着一锅汤而被饿死，只有互相帮助，互相扶持，大家才能够共同生活，感受到生活的甜美。

在学习上也是这样，帮助同学就等于帮助自己。同学碰到的难点，往往也是自己容易疏忽的地方，为同学讲解清楚了，自己也可以加深印象。这样认真地讲解，比自己的系统学习效果还要好，甚至连自己遗漏的重点，也会在回答同学疑问的过程中，加深认识。

小光的父母一直告诉他，别的同学都是竞争对手，帮助他们就是帮助自己的对手，那是傻子才做的事情。结果小光对所有同学都有一种戒备的心理，在学习上，他既不肯向别人提问题，也不愿意帮助别人解答问题。但小光并不快乐，他的同学关系越来越差，在班里一个朋友都没有，他的成绩也越来越差。

我们在学校里，不但是学习知识，还要全面地成长。在和同学的交往中，让自己各方面的能力都能得到提高，同时在欢笑中度过人生最宝贵的青少年时期。小光不肯帮别的同学，对同学非常冷淡，就让自己各方面的能力都得不到锻炼。结果当自己遇到问题时，也就得不到同学的开导和劝解，一点小坎坷都过不去，心理素质自然会越来越差。

不肯帮助别人的人，也不会得到别人的帮助，如果不主动与别人合作，还有可能因为自私自利受到老师的批评，在心里产生更大的挫折感，也就没有办法以积极健康的心态来面对学习。

做一做

我们可以通过下面几个方面的努力，培养自己乐于助人的习惯。

★把同学当成兄弟姐妹。每个同学在家里都有父母照顾，到学校就只能互相照顾了，大家应该像兄弟姐妹一样互相帮助。学生时代的好朋友，可以在一生中互相扶持，这样的友情是最值得珍惜的。

★积极帮助犯错误的同学。每个同学都有缺点，都会犯错误，当同学犯错误时，要静下心来，仔细想一想，怎样做才能更好地帮助别人改正缺点。这样多为别人着想，朋友会更多，性格会更开朗，生活会更有乐趣。

★换位思考。如果别人遇到困难，你不愿意帮助别人时，可以想象一下，如果是自己遇到了困难，是否希望别人帮忙，会不会从心里感谢帮忙的人？这样，就能渐渐明白，帮助别人是一件非常好的事情，举手之劳，就能带来很多快乐，也能带来真心的朋友。

听一听

赞美友谊和团结的歌曲有很多，在这里我们为你推荐《众人划桨开大船》这首歌，听两遍，把歌词记下来。

26

避免粗心大意

培养认真细致的习惯

关键时刻的粗心可不会这样简单啊。

一个小小的疏忽，就可能引起大错，而且，有的错误是无法挽回的。智者说，避免一切小小的失误，就能减少巨大的意外挫折。

在我们的学习和生活中也是这样。往往是一些小事情、小错误，因为我们没有认真对待，结果造成了极大的损失。

劳拉是一个漂亮的小姑娘，但是却有一个难听的外号，她的朋友都叫她"粗心的劳拉"。因为她总是丢三落四，经常把东西到处乱放。这让劳拉的妈妈很是

头疼，不得不每次都帮她收拾。

一天，劳拉正在花园里浇花，她的好朋友玛丽来找她："劳拉，我的堂弟想看看我的画册。"

"哦，对不起，玛丽。让我找找吧。我记不起放在哪里了？妈妈，我上次拿回来的画册在哪里？"劳拉焦急地问正在看书的妈妈。

"一直在你的房间里，难道你不记得了吗？"

"哦！我知道了，玛丽你等一下，我马上拿给你！"劳拉有些担心地说，如果真的弄丢了，玛丽一定会生气的。

但是当劳拉和玛丽来到了劳拉房间时，看到的却是劳拉的宠物小狗已将画册咬得稀烂……

"对不起，我不是故意的。"劳拉愧疚地说，但是玛丽没有再说话，哭着离开了。伤心的劳拉也禁不住流下了眼泪。

"我希望从今以后，你能够吸取这个教训，把你的东西都放在合适的地方。"妈妈轻轻地对劳拉说道。

从此以后，劳拉真的不再粗心了，朋友们再也不叫她"粗心的劳拉"了，好朋友玛丽也原谅了她……

因为粗心大意而犯下的错误，不仅会伤人，还会害了自己。任何一个小小的疏忽，都可能铸成大错，而且，这一过错可能有无法挽回的损失。智者说，避

免一切小小的失误，就能减少巨大的意外挫折。

所以，我们应该严格要求自己，培养认真细致的习惯，不要忽略一个小标点符号的作用，不要轻视一个小数点的位置，做任何事情都要认真对待，避免粗心大意。

做一做

★ 给自己建立一个"错题集"。把自己每次作业中的错题抄在"错题集"上，找出错误的原因，把正确的答案写出来。这实际上是一个错误档案。这样做有利于认识错误的危害，下决心改正。"错题集"是自我教育的好办法。

★ 草稿不要太草。不少人粗心是从草稿开始的。所以我们建议你的草稿不要太草，从演算开始就要严肃认真。这有利于克服粗心的毛病。

★ 学会自检。养成自检的习惯。不要依赖父母和老师的检查，这样做过几次，就能认识到粗心的危害。有了自检的能力，粗心的毛病才能克服。

听一听

谨慎的行动要比合理的言论更重要。

——西塞罗

第4章

品德习惯

做一个诚实的人

培养诚实的习惯

很久以前，有一个国家的国王因贤明而深受国民爱戴，可是他年事已高，又没有孩子，所以他决定从国内找一个诚实的孩子做他的继承人。

于是，国王发给每个孩子一粒花的种子，并宣布："谁能用这粒种子培育出最美丽的花朵，谁就可以成为我的继承人。"孩子们都梦想着做王位继承人，因此都种下了种子。从早到晚，精心地培育自己的花。

到了国王上街看花的那一天，所有的孩子们都高兴地捧着自己的花盆，等候国王。花盆里的花争奇斗艳，令人赏心悦目。但是国王却板着面孔，脸上没有一丝笑容。突然，国王看见了一个手捧空花盆的孩子，此刻，他端着空花盆正流泪呢。国王走上前问道："你的花盆里怎么没有花呢？"于是这个孩子一边流着泪，一边说出了他培育那粒种子的经过。

国王听了，高兴地拉着孩子的双手，向大家宣布："这就是我选中的继承人。我发给大家的都是煮熟了的种子，只有这个小孩才是诚实的。"

故事中的小男孩因为诚实而获得了国王的赏识，从而幸运地当上了国王。虽然他的花盆里空空的，什么也没有，但事实上，他却栽培出了世上最美丽的花朵，那就是诚实之花，这也正是贤明的老国王所寻找的漂亮花朵。

亚里士多德认为，心灵的高尚之处在于能公开说出自己的爱恨，能十分坦诚地评论各种事情，能为了真理不顾别人的赞成或反对。那些没完没了地说谎和弄虚作假的人而言，即使他们讲了实话，大家也不会相信他们。因为再美的谎话也只能欺骗别人一两次，多了就没人相信。

所以，我们要从小培养不说谎话，诚实待人的习惯。真诚地对待身边的每一个人，播种下诚实的种子，相信我们收获的也是诚实。小男孩的故事告诉我们：诚实就会受到信任和尊重，我们坚信这不仅仅是个简单的小故事，终有一天，我们也会因诚实而成为受人尊重的人。

第**4**章

品德习惯

记一记

人在智能上应当是明豁的，道德上应该是清白的，身体上应该是清洁的。

——契诃夫

做一做

如何才能成为一个诚实的人呢？

★从故事中明白诚实的道理。很多童话、寓言故事，常常蕴涵着诚实做人的道理。通过阅读，我们可以明白什么是诚实，什么是虚假和欺骗，应该怎样做，不该怎样做。

★在生活中做一个诚实的人。当我们明白了诚实做人的道理，就要在生活中诚实待人，诚实做事，树立自己诚实的形象。

★制定一些要求，严格要求自己。可以给自己设定一些要求，如没有得到别人的同意，不可随便拿别人的东西，有了错要勇于承认，凡是答应别人的请求就一定要想方设法去做好等。

28

爷爷奶奶，我为你们做点儿事

培养尊敬老人的习惯

爸爸,您慢点!

　　有一位老人，身体很虚弱，生活难以自理。于是，就搬去与儿子儿媳及4岁的小孙子同住。

　　刚开始，全家人都坐在同一张桌子上用餐。渐渐地，儿子儿媳就发现上了年纪的老父亲不自主摇晃着的手使他无法顺利进餐。豌豆会经常从他拿着的汤匙上抖落下来；当他握住杯子时，牛奶会泼到桌布上。儿子儿媳终于忍不住了，"我们必须改变这种现象。"儿子说，"我受够了，牛奶会泼出，吃饭会出声，食物会流落于地……"

此后，夫妇俩就在墙角设置了一张小饭桌，让老人独自在角落里吃饭。再后来，当老人打破了一个碟子后，他的食物就被盛在了一个木碗里面。老人显得很孤独、无奈。然而，这对夫妇所能给予老人的唯一话语就是警告，警告他不要弄翻食物，不要将叉子跌落。

这一切，4岁的孩子都默默地看在眼里，记在心里。一天，晚饭前，孩子在地板上玩着小木块。父亲看见了，觉得好奇，就走过去，柔声问道："你在做什么呀？"孩子回答道："我在做一个小碗，等我长大以后好拿来给你们用。"孩子说完后仍旧微笑着玩他的小木块。

听了这番话，儿子儿媳一时无言以对。那晚，儿子就小心地扶着老父亲的手，将他搀扶到了饭桌边上。接下来的日子里，全家人一起用餐，不再分彼此。无论是儿子还是儿媳，都没有再在意过诸如叉子掉下来、牛奶泼出来，或是桌布被弄脏之类的事了。

听了这个故事，你想到了什么呢？

在我们的家庭中，爷爷奶奶是非常疼爱我们的，有时甚至超过了爸爸妈妈对我们的疼爱，我们没有理由不尊敬老人，更没有理由伤害老人的心。尊重老人的习惯应该从小就培养，我们要时时刻刻想着为老人做些事情，自己能做的事情要坚持自己做。只要你留心培养自己尊敬老人的习惯，相信你会做得更好，也会得到老人的更多关怀。

记一记

对老年人的尊敬是自然和正常的，尊敬不仅表现在口头上，而且应体现于实际中。

——戴维·德克尔

做一做

关心老人，可以这么做：

★ 扶爷爷奶奶上下楼梯。

★ 为爷爷奶奶盛饭。

★ 陪爷爷奶奶说话。

★ 给爷爷奶奶唱歌或跳舞。

29

谢谢你，不客气！

培养说礼貌用语的习惯

　　豆豆和同学去超市购物，因为是周末，所以人特别多。结账的时候更是人满为患，大家一个挨一个，还有被挤着的。豆豆和同学提着一篮子东西站在中间也动弹不了，正被挤得难受，一个阿姨推着一车东西从外侧冲了过来，一下子把豆豆手里的篮子给撞到了地上，阿姨连忙说"对不起"，可豆豆却张口来了一句"妈的"。这话一出口，不只那位阿姨和同学都皱起了眉头，连豆豆自己也禁不住脸红了，"奇怪，我根本不想说脏话的啊，可是现在这话怎么这么就轻而易举

地从嘴里蹦出来了呢？"

你知道吗？豆豆说脏话的原因是他已经把那句话挂在了嘴上，形成习惯了，习惯一成自然，不留意时就会脱口而出了。所以我们一定要改掉说脏话的坏毛病，养成说文明用语的习惯，做一个有教养的人。现在，你可以想象这样的场景：当你走进校园遇到同学时，他面带微笑冲你点了点头，说："你好！"这时候，你是什么样的心情呢？接着，我们再想象另外一种情境：当你走进校园遇到同学，他面无表情地看了你一眼后，默默地走开了。这种情形下，你的心情又怎样呢？

当然，并不是只有你会有这样的感受，所有的人都会和你一样。每个人都有与别人交往并获得友谊和支持的需要。人与人之间的沟通交流有很多种方式，其中最直接最有效的沟通，就是善意的微笑，待人接物讲文明懂礼貌。这样可以使人与人之间更容易沟通，让人感觉更加友善，生活更加温馨。而且，文明礼貌可以表现一个人的素质，别人帮助你时，要懂得说句"谢谢"，这样可以使对方的内心更加温暖；出现矛盾时，一声"对不起"可以消除对抗情绪，使双方冷静下来，熄灭怒火。

记一记

文明用语歌

初次见面说"您好"，
请人解答说"指教"。
表示歉意"对不起"，
表示回礼"没关系"。
表示感谢说"谢谢"，
向人祝贺说"恭喜"。
交往"请"字记心里，
文明学生语言美。

做一做

做一个有教养的人，可从以下各个方面做起：

★个人礼仪。要站有站相，坐有坐相。说话时应面带微笑，公共场合不要随便剔牙、掏耳、挖鼻、搔痒、抠脚等。交谈时应使用文明用语，简洁得体。

★公共场所礼仪。遵守交通法规，行人互相礼让，主动给年长者让路，主动给残疾人让路。在影剧院里，不大声喧哗，不乱扔果皮纸屑，适时礼貌鼓掌。乘坐公共汽车、火车时，要照顾需要帮助的人。

★做客礼仪。做客时要仪表整洁，谈吐文明。告别时要说感谢的话，如"谢谢您的热情招待"、"欢迎到我家去"等。

30

爸妈，你们辛苦了！

培养孝敬父母的习惯

　　孝敬父母是我们中华民族的传统美德。在家喻户晓的《三字经》中就有黄香孝敬父亲的故事。

　　黄香9岁的时候，妈妈去世了，他十分悲伤，但懂事的他，并没有让父亲为自己担心，反而很会关心和照顾父亲。寒冷的冬天，黄香会用自己的身体为父亲暖被窝。炎热的夏天，黄香会手摇蒲扇，为父亲赶走蚊子。

　　有一年，黄香的家乡发生灾害，田里颗粒无收，很多人都出外逃荒要饭。为

了照顾年老的父亲，黄香就自己到附近的村庄讨饭。有一天，他在一家豆腐坊讨到一卷发了霉的豆皮，这可把黄香高兴坏了，要知道这种情况下能有点吃的是非常不容易的事。虽然自己也很饿，但他还是立刻回到家里，把豆皮精心烹调了一下端给了饥肠辘辘的父亲。看着父亲津津有味地吃着，黄香比自己吃了还要高兴呢。

黄香对父亲的孝心是令我们敬佩的，因此我们也要从小就懂得孝敬父母。我们每个人的成长都离不开父母的养育，爸爸妈妈在外面要辛辛苦苦地工作，回到家里要干家务，还要照顾我们的学习和生活。黄香跟我们的年龄相仿，他能为父母着想，我们也一定能！

孝敬父母不应当是句空话，而应该体现在行动上。可是看看我们的周围，很多小朋友成了家中的"小太阳"，父母变成了围着"太阳"转的"行星"。很多小朋友不知道钱是怎么来的，只知道向父母要钱买这买那，认为父母给孩子吃好、穿好、用好是天经地义的事情。这样我们怎么会从心底孝敬父母呢？父母每天在外辛苦地工作，每一分钱都来之不易啊！我们应该珍惜自己的生活，感激和敬重父母。

孝敬父母要从小事做起，在日常生活中培养孝敬父母的好习惯。父母生病时应该主动端茶送水，多安慰他们；父母外出时，我们应提醒父母注意天气变化；还应承担力所能及的家务劳动，打扫卫生，洗刷碗筷等。这样坚持不懈地努力，孝敬父母就会成为我们的习惯了。

第4章
品德习惯

听一听

找到《烛光里的妈妈》这首歌的磁带或者光盘，深情倾听这首歌的旋律。

做一做

为养成孝敬父母的好习惯，可从下面的事情开始做起。记住，习惯不是一天两天养成的，要坚持做下去。

★在爸妈工作完后，说一声："爸爸，妈妈，您歇会儿吧。"

★ 在爸妈下班回到家时，给他们倒杯水。

★ 说话、走路或者看电视都尽量静悄悄的，不打扰父母休息。

★饭前摆放好餐具。

★饭后收拾餐具，洗碗、擦桌子。

★记着爸爸妈妈的生日，亲手为他们做一件小礼物。

★父母生病时不忘提醒他们吃药。

★把自己的房间收拾整洁，不给父母添麻烦。

★ 父母批评我们时要虚心接受，想想父母都是为我们好，自己应该学会反思并渐渐改掉缺点才对。

★不独占好吃的东西，和爸爸妈妈一起享用。

31

培养敢于承认错误的习惯

对不起，我错了！

对不起。

没关系。勇于承认错误就是好样的！

　　如果不小心犯了错误，就要勇敢地面对它，不要试图逃避自己应承担的责任。能够真诚地说"对不起"的人，是敢于面对错误、不逃避责任、希望自己更加优秀的人。

　　上课铃响了，老师与同学互相问好之后，大家都坐下来，只有张永同学依旧站着。大家奇怪地望着他，探头一看，呀！不知是谁搞恶作剧，在他椅子上滴了好多墨水。

老师走过来，看了看椅子立刻就知道发生了什么事。他回到讲台，大声问道："这是谁干的？请主动站起来承认错误！"教室里静悄悄的，连窗外飞进的一只小虫"嗡嗡"的叫声，都能清晰地听到。

这时，坐在张永旁边的一个女生慢慢地站起来了，几十双眼睛向她投去诧异的目光。难道是班长苏君？不会吧，她可是助人为乐的典范，老师的得力助手呀！大家都惊呆了，老师也惊讶得说不出话来。她低着头，怯怯地说："对不起，我刚才甩钢笔，不小心……我不是故意的。"说完，就离开座位，慢慢地走到张永的旁边，默默地掏出纸巾，弯下腰轻轻地擦去墨水。做完这一切，她向张永点了一下头，满脸歉意地说："对不起！"

一时间全班掌声如雷！

世界上没有十全十美的人，我们也经常犯这样或那样的错误，但我们却往往不敢去承认，甚至为了掩饰错误而一错再错。其实，一个人犯错是难免的。如果我们为了一时的面子，或害怕受到惩罚而胆小畏缩，那么错误就成了我们心里永远的伤痛，会折磨我们一辈子的。所以，为了不让错误永留心底，我们该拿出承认错误的勇气来，相信所有的人都会为我们感到骄傲，并为我们鼓起掌来。

错误承认得越及时，就越容易得到改正和补救，而且，自己主动认错也比被批评后再认错更能得到别人的谅解。更何况一次错误并不会毁掉你今后的人生，真正会阻碍你的，是那不敢承担责任、不愿改正错误的态度。

达尔文曾经说过："任何改正都是进步。"勇敢地面对错误，培养敢于承认错误的习惯吧。这样做会让你更加优秀！

做一做

知错就改对我们的成长有着重要的作用，我们需要对错误有一个清醒的认识，从小养成勇敢承认错误、知错就改的好习惯。

★认识错误，分析后果。无论错误是大是小，都会带来伤害或损失，不要以为回避错误就会万事大吉，错误发生后要正确认识到它的后果，越早越及时地认识到错误，越能尽可能地挽回损失。

★勇敢承担责任。犯了错误并认识到后果后，要真诚地向别人道歉，说声"对不起"并尽量弥补损失。

★诚恳接受批评。对自己犯的错误要有清醒的认识，敢作敢当，有勇气承担责任。

记一记

我要站到所有正确的人那一边。正确时和他们在一起，错误时就离开他们。

——林　肯

32

培养守信用的习惯

守诺很重要

　　战国时期，秦国的秦孝公想要国家强大起来，然后统一天下。如何能够富国强兵呢？他想到了招纳人才、改革变法。有一个很有才华的人叫商鞅，被秦孝公任命为丞相，负责改革变法的事情。人们已经习惯了传统的法律制度，对新的法律制度半信半疑。商鞅想：怎么才能让人们相信我要变法是真的呢？

　　他灵机一动，想出了一个主意。他让士兵在都城南门竖起一根十米高的木桩，并贴出告示：如果有人把木桩从南门扛到北门去，就赏给他五十两黄金。但这赏赐太高了，所以没有人相信会有这种好事，也就没有人去扛。这一天，一个壮汉挺身而出，把木桩扛到了北门。商鞅当场就赏给他五十两黄金。人们纷纷议论：商鞅说到做到，不会欺骗我们的，他的命令一定要执行。在人们的支持下，商鞅变法进行得很顺利，秦国也慢慢强大起来。

商鞅为什么能成功呢？说话算数是最重要的原因。诚实守信是我们与他人相处的一个非常重要的好习惯，也是做人的美德。只有守信用的人才能得到别人的尊重和信任，才能成就大事业。

一个满嘴大话、空话、假话的人，你愿意和他交往吗？如果一个朋友说好周末来找你，你满心欢喜地在家里等着，可他却早已经把自己的话忘在脑后了，你会喜欢这样的朋友吗？他再约你时，你还会相信他吗？所以，我们要养成言而有信的好习惯。当你对朋友承诺了一件事情的时候，一定要说话算数。即使遇到了困难，也一定要做到，只有这样才能获得别人的信任。如果你

第4章

品德习惯

记一记

信任就像镜子，只要有了裂缝就不能像原来那样成为一片。

——阿密埃尔

言而无信，那么，你的朋友会越来越少，你就会变得孤独。

无论是谁都想有好朋友，都希望朋友能真诚地对待自己，可是，如果自己对别人不诚实，是很难获得他人的友谊和信任的。要养成诚实的好习惯，需要我们在日常的学习和生活中努力培养，要从每一件小事做起，严格要求自己。

做一做

★ 树立守信的观念。信任建立在诚实的基础上，只有时时刻刻提醒和要求自己诚实，才能慢慢树立自己的信用。记住，一句谎话就有可能丢了信任。

★ 学会说"不"。当有朋友向你寻求帮助的时候，要先考虑自己的实际情况，看自己是否能够完成朋友的要求，如果觉得有困难，就要委婉地说"不"，切记，不要为了自己的面子而丢掉了信任。

★ 如果答应别人的事情遇到困难，请大家帮忙解决。

★ 要按时完成答应别人的事情，做不好要及时道歉。

33

不做任性的孩子

任性已经成为一些人的不良习惯。任性，就是放任自己的性情，做事情的时候往往对自己不加约束，爱做什么就做什么，不分是非、不讲道理，明明知道自己不对还要继续做下去。任性的人常常用一些手段来威胁他人，如不吃饭、大哭大闹、自杀、离家出走等。任性对人的成长是非常不利的，往往会让人四处碰壁，甚至走上犯罪的道路。

有一个被宠坏的孩子，妈妈带他去朋友家串门。回到家，他突然发现一直攥在手里的一块糖没了。那糖是妈妈的朋友给的，他家里没有，但是他就是喜欢，于是他打着滚哭。妈妈看着哭得死去活来的孩子，终于硬着头皮敲响了朋友家的门。

他要什么就准能得到什么。后来他长大了，想要一个女朋友。但是他喜欢的女孩根本不喜欢他，他不再躺地打滚，而是拿起一把刀子割破了自己的手腕……他被抢救过来，但是又开始绝食。父母哭着对他说："不就是一个女孩吗，你人生的路还长着呢，好女孩多的是。"他恨恨地说："但是我就想要她！"

在这个男孩看来，得到了是天经地义，得不到就自伤自残。从一块糖开始，他就不断地得到满足，直至失去了人性。

这种以自我为中心无原则地要求给予，导致我们在生活、学习中不会尊重他人，异常任性和粗暴。

法国著名儿童教育家卢梭曾指出："你知道不知道，用什么样的办法一定能使儿童感到痛苦？这个方法就是：百依百顺。因为有种种满足儿童欲望的便利条件，所以儿童的欲望将无止境地增加。迟早有一天，他会因为别人的无能为力而被拒绝，但是，由于儿童平时没有受到过拒绝，突然碰了这个钉子，将比得不到所希望的东西还感到痛苦。"

卢梭还举例说："有的孩子竟要人拦住正在行进中

的军队，好让他们多听一会儿行军的鼓声……他们偏要那些不可能得到的东西，从而处处遇到抵触、障碍、困难和痛苦。成天啼哭，成天发脾气，他们的日子就是在哭泣和牢骚中度过的。像这样的人是幸福的吗？"

任性并不是天生的，是可以在生活中慢慢改变的。这就需要我们培养自我克制的能力和习惯。从生活小事做起，学会自己处理自己的事情，不依赖别人。我们在"做一做"中为你提供了一些参考方法，不妨试试看。

第**4**章

品德习惯

记一记

不要过分地醉心于放任自由，一点也不加以限制的自由，它的害处与危险实在不少。

——克雷洛夫

做一做

★扩大视野，增长见识。知识多了，就会明白许多道理，改变自己过去一些错误的做法。

★多和同龄人交往，平等相处。多和同龄人交往，大家都是平等的关系，可以相互帮助、相互学习，摆脱依赖父母的习惯。

★对比法。用自己所了解的英雄伟人的事迹与自己的行为对比，从另一个角度去认识问题，主动地改变任性的行为。

34

保护身边的环境

培养爱护环境的习惯

　　我是一条小河，一条清澈的小河，小鱼、小虾、小螃蟹是我的孩子，河边的柳树、芦苇，还有飞来飞去的小鸟都是我的朋友。我每天唱着欢快的歌儿和我的孩子做游戏。

　　我也是人类的好朋友，孩子们在我的怀抱里嬉戏，妇女们在我这里清洗衣物。人们还把我引到水库，流进发电厂，变出一种叫"电"的东西，给人类带来光明。我感到非常骄傲自豪，因为我能为人们带来无限的欢乐。

可是不知从哪天起，我的身体开始不舒服了，我的孩子也不断生病、死亡。原来人们在我身边建起了一座座工厂，乌黑的废水流进我的体内。他们还把各种垃圾随意丢在我的身上，原来不断流淌的河水被堵住了，开始

发黑、发臭，蚊子、苍蝇在我身上繁殖、生长。人们从我身边经过时，都捂着鼻子，一脸厌恶的表情。我伤心地哭了，流出来的泪水也是乌黑浑浊的。

人类啊，你们为什么要这样做？我问白云姐姐，白云姐姐默默无语，只为我洒下一把辛酸的泪水。

我问大海伯伯，大海伯伯愤慨地说："受残害的不仅是你，连我也受到了污染……"

岸边的柳树、芦苇已经受不了污染，它们日渐枯萎，可爱的小鸟也不再与我玩耍。

这是为什么？人类啊，救救我吧——一条曾经为你们带来无限欢乐的小河。

多么可怜的小河啊！它曾经为我们人类带来了许多快乐，有些人却不知珍

惜，随意践踏，致使我们再也不能分享小河的美丽。不仅小河生病了，我们人类也因为水污染正在蒙受着各种自然灾害的侵袭，遭受着各种各样的痛苦。例如，淮河水污染严重，两岸的庄稼都靠这严重污染的水来浇灌，淮河沿岸上亿百姓的健康和生存问题都受到严重影响。再如，近年来频繁骚扰长江以北地区的沙尘暴给人们的生产、生活也造成了诸多不良影响。

因此，我们一定要树立爱护环境的意识，行动起来保护身边的环境，做保护环境的小卫士。那么，我们如何爱护环境呢?

保护环境包括很多内容，因为环境包围和渗透在我们生活的点点滴滴中。我们要呼吸，需要减少空气污染;我们要喝水，需要避免水污染;我们要吃饭，需要消除土壤污染;我们要健康，需要避免电磁辐射，需要减少噪音污染，还要小心家庭装修中的污染。

总之，有很多的方法我们可以去遵循、实践。你可以试试下面这些方法。

第**4**章
品德习惯

记一记

我们往往只欣赏自然，很少考虑与自然共生存。

——王尔德

做一做

★减少污染源。尽量使用可降解的塑料制品，尽量不使用一次性筷子、一次性饭盒等。

★节约水、电、纸张。比如洗脸或洗衣的水可以用来拖地或冲厕所，写满字的纸张可以用来做剪纸或折纸。

★妥善处置垃圾。不要随意丢弃垃圾，要把垃圾分类扔进垃圾箱内。另外，要注意不可随意焚烧垃圾，以免污染空气或导致其他危险。

★保护动植物。不攀折花木，不践踏草坪，爱护野生动物。

★不乱写乱画。在游览美丽的水光山色、人文景观和文化古迹时，要严格遵守景点的各项规章制度，做到"除了脚印，什么都不要留下；除了垃圾，什么都不要带走"。

35

爱护公物，做文明小学生

培养爱护公共财物的习惯

2001年5月24日《大河报》刊登了一篇童话作文——《门的自述》：

我是一扇普普通通的门，我的家在一所小学的教室里。我是由一块木板做成的，身上还有一层浅黄色的油漆。别看我不起眼儿，可故事还真不少，想知道吗？那就听我道来。

班里有一些同学对我很友好，我也非常喜欢他们。小丹是班里的生活委员，每天都早来晚走，为同学们开门、锁门。清晨，总是小丹第一个出现在我的面前，微微一笑，然后轻轻地把锁打开，再慢慢一推，生怕弄疼我似的。"咦，我怎么变得浑身上下都是土呢？哦，我想起来了，都是昨夜的那场大风害的。""噢，好舒服呀，"我觉得好像

看我的连环腿。

哈哈，看我的鸳鸯腿。

有人在用抹布为我洗澡。我低头一看，这不是值日生潇潇吗？你看她拿着一块抹布，在为我擦灰，动作多轻柔呀！"谢谢你了，潇潇！"

别看同学们对我这么好，但是"调皮鬼"们可不放过我。"哎哟！疼死我了！谁呀？这么没礼貌，开门不用手推，却用脚乱踢。"我一看，又是这帮"调皮鬼"。真是的！你们就不能轻点儿吗？难道老师没教过你们要"爱护公物"吗？可惜他们听不见我的话，唉，算了吧，生气也没有用。

同学们，听了我的自述之后，你是否有所反思呢？希望你们要像小丹和潇潇一样爱护我，可不要跟"调皮鬼"们学哟！

这篇文章反映了同学们对待公物的态度，也在告诉我们不要毁坏公物，要爱护公物。公共财物是大家共有的，谁都不能任意毁坏，因为它是为我们每个人服

咯咯

什么声音？

务的。所以，我们人人都有保护公共财物的责任。如果有人破坏公共财物，谁都有权利制止这种不文明的行为。

有的同学可能会说，公共财物坏了不要紧，赶紧修修不就行了吗？可是，同学们想一想，维修公共财物是不是要花钱呢？如果公共财物不毁坏，我们是不是可以省下维修费，拿这些钱去做别的有意义的事情？可见，爱护公共财物，关系到我们每一个人和大家的利益，是一个社会文明水平的表现。因此，对于公共财物，我们要倍加爱护。

在我们的周围毁坏公物的现象是经常发生的，我们遇到这样的行为，有义务上前说服或者制止这些行为。

只要是公共财物，不管是一草一木，还是一桌一凳，我们都要善待它们，像爱护自己的财物一样爱护它们。做一个爱护公共财物的文明少年！

第4章
品德习惯

记一记

一滴水只有放进大海里才永远不会干涸，一个人只有当他把自己和集体事业融合在一起的时候才能最有力量。

——雷锋

做一做

★珍爱周围的公共财物。不管身处哪里，都要严格要求自己，即使有破坏公共财物的行为，也不要盲目模仿，而要坚持自己认为正确的行为。

★阻止破坏公共财物的行为。生活中难免有一些人会做出有损公共财物的行为，我们可以适时地帮助和提醒这些人，共同维护美好的家园。

★做力所能及的事情。如果发现公共财物被损坏了，为了美观和便利，我们可以做一些力所能及的事情。比如清洗干净涂画痕迹，拧一拧松动的螺丝，扶一扶花草等。

36

争做守法小公民

培养遵纪守法的习惯

沉痛的事实告诉我们，从小就应该学习法律知识，养成知法、懂法、守法的好习惯。法律是无情的，它不会因为我们年少而不追究责任，也不会因我们不懂法而减轻罪过。很多青少年朋友犯法就是因为不知法、不懂法，就像下面漫画中的孩子，认为自己拿家里的钱不算"偷"。事实上，偷家里的钱和偷别人的钱是一样的，属于偷窃行为。当被送入少管所成为少年犯的时候，再去反思自己的行为，那时就晚了。

近年来，青少年的犯罪率急剧上升，犯罪年龄越来越小。据报道，某省1983年抓获的未成年人犯罪嫌疑人共2995人，而到了2004年却达到了12663名，是21年前的4倍还多。现在青少年犯罪已经成了一个令人关注的社会问题。

因此，我们一定要从小就按照法律的准绳去评判各种或简单或复杂的社会现象，根据法律的要求来决定自己可以做什么，不可以做什么。千万不要做出让自己悔恨的事情来。

与此同时，当自己的合法权益受到侵害时，我们一定要学会运用法律武器来保护自己！

做一做

做个遵纪守法的小公民，要从以下几点做起。

★认真学习和遵守校规校纪。《小学生守则》和《小学生日常行为规范》是我们的行为准则。

★培养健康的思想、品行。进行有益身心健康的活动，看一些积极有益的书刊。

★开展健康的人际交往。不良交往是导致违法犯罪的一个重要因素。交朋友要谨慎，多交一些在品行上超过自己的朋友，相互学习，相互促进，坚决拒绝与社会上不三不四的人交往。

★学习法律知识。可以请爸爸妈妈帮助你有针对性、有选择性地学习。例如《宪法》、《教育法》、《未成年人保护法》、《环境保护法》、《治安管理处罚条例》等内容，从而掌握相关的法律知识。

记一记

学法守法歌

不懂法律危害大，
如同盲人骑瞎马。
人人学法长本领，
心明眼亮走天下。

133

第 **5** 章

学习习惯

独立思考头脑好

培养善于思考的习惯

东汉末年，7岁的华佗到一位姓蔡的医生家去拜师学医。蔡医生技术精湛，前来拜师的人很多。蔡医生看着这些孩子，决定先考考他们。

院子外正好有两只绵羊在打架。几个孩子去拉，都没有将它们拉开。"你们能够使那两只绵羊不打架吗？"蔡医生借机问道。

华佗围着桑树转了一圈，薅了一些鲜嫩的青草。他把草送到两只绵羊的面前。这时，绵羊的肚子也饿了，见了草就顾不上打架了。

"你真是个聪明的孩子，我很高兴当你的老师。"后来华佗果真成了一代神医。

华佗的机智并不是说他的智力水平超过了其他小朋友。事实上，一个人的智力水平与他所取得的成绩联系是很小的，并不起决定作用，好的成绩取决于我们良好的思考习惯，使智力的潜在能力得到了充分发挥。

认真思考虽然为解决问题的过程增加了一个环节，却使解决问题的时间缩短了很多，大大提高了学习效率。我们平时的学习有两种类型：一种是不经过思考的学习，即使学习了，也会很快忘得一干二净；一种是学习了，理解了，加上自己思考后的东西记得牢，往往会一生受益。

而现在我们的学习，无论是在学校，还是在家里，主要是第一种，也就是不经过自己思考的学习。我们只注重学习了多少内容，考了多少分。整个过程就是死记硬背，懒得去思考。如果这种倾向不扭转，我们的大脑是不能留住知识的。处在信息社会的今天，各种信息滚滚而来，缺乏思考和判断力的我们，如何获得有用的知识，这是我们必须考虑的。

养成认真思考的学习习惯对我们而言是非常重要的，它可以帮助我们加深对知识的理解和记

第5章
学习习惯

记一记

经历是至理名言的母亲，而思索则是它的产婆。无知的芳龄，不是真正的青春。

——佚名

忆，把零散的知识点联结成一个整体，从总体上把握知识结构，提高学习成绩。养成认真思考的学习习惯，有利于对书本知识有选择地吸收，可以防止"死读书"的现象，提高个人的学习能力。养成认真思考的习惯还可以不断解开疑团，激发灵感，从而发现一些新事物，发明一些新东西。

做一做

养成善于思考的习惯，可以从以下几方面做起：

★端正思考态度。不要认为自己聪明就懒于思考，对任何东西都不假思考地发表看法是极其错误的，对待问题要养成认真思考的习惯，这样可以让你的思维更加灵活和严密。

★随时随地进行思考。无论是去博物馆，还是读书看电影等，都要提出一些问题，多问几个为什么，开动大脑进行认真思考。

★全面地思考问题。无论对什么事物都要仔细考虑到它们的优缺点，是否有吸引力，是否值得参考等。

★勤于归纳、触类旁通。学习的过程就是将一点一滴的知识聚集起来的过程。把所学的知识进行合理归纳，不必重复学习同样的东西，学会举一反三会为你节省不少的时间。

38

培养善于提问的习惯

多问为什么

在中国一所大学的课堂上，教授从兜里掏出一张一美元的钞票，高高举起，涨红了脸大声说："谁能提出一个问题，任何问题，我就奖励他一美元。"

教授是美国人，他讲的是历史与宗教，讲完了，他问大家有什么问题，但谁也不吱声，他请求大家提问，不然的话他无法知道大家听懂了多少。但还是没人举手。于是发生了上面的一幕。

"没有哪一种知识是提不出问题的，难道我讲的每一句话都无懈可击吗？是

你们根本没听进去还是愚不可及？"他的另一只拳头敲打着桌面。课堂的气氛很紧张，台下的同学吓坏了，从小到大，他们还没有见过这样的场面。

不论是在小学还是在中学，大家都已经习惯了老师的提问，随着年级的不断升高，我们的右手也变得越来越沉重。主动放弃了有问题请教老师的机会，我们更愿意考虑如何应对老师的提问，宁愿把书本背得滚瓜烂熟，也不愿意举起自己的手。

在班里，你是不是每一节课都敢于回答老师的问题？你是不是遇到疑问时勇敢地举起了你的手？在自习的时候，你遇到了难题，是不是自己独立思考问题的答案了呢？

不明白，要问，才会明白；明白了，还要"明知故问"，因为可以通过对方的详细讲解，让自己掌握的知识更加准确，这样才会不断取得进步。勤学好问，好问别人，更要问自己，我们应当时刻给自己提出一些问题，鼓励自己寻找答案。

有一些人学习就是囫囵吞枣，不求甚解，不爱动脑筋。他们心想，这些问题反正别的同学也会问到，只要注意听就行了，懒得提问。另有一部分同学是因为胆小，害怕自己提出的问题被老师和同学笑话，怕别人都懂就自己不明白，怕别人笑自己很笨。还有一部分同学讨厌学习，热情不高，恨不得早点下课，根本没有考虑老师提的问题。

善于提问是学习中一种难能可贵的习惯。伟大的科学家爱因斯坦曾经说过："提出一个问题比解决一个问题更重要。"如果你是一位想问又不知道怎么问的同学，就要注意掌握学习方法，培养善于发现问题的习惯。对于那些不爱学习、根本没有考虑过提问题的同学，就要从培养学习兴趣开始了，要首先树立好学习的自信心。

第**5**章
学习习惯

记一记

如果没有好奇心和纯粹的求知欲为动力，就不可能产生那些对人类和社会具有巨大价值的发明创造。

——佚名

做一做

培养善于提问的习惯，可以从以下几个方面做起：

★经常向老师提问。遇到没有弄懂的问题时，不要不懂装懂或羞于开口，而是要善于发问，大胆地问。如果有不敢问、不善问的缺点，就鼓起勇气去问，问得多了自然就克服了胆怯的心理。

★ 在阅读过程中练习找错误。在阅读一些名人的书时偶尔会发现书中有文字、语法、典故、常识等方面的错误，发现后把它们记录下来，通过给名人写信或发E-mail的方式指出他们的错误。

★自己分析错误。对作业或考试中出现的错误，要静下心来认真分析其原因。通过自己的分析，能够对错误有更深刻的认识，印象越深，越不容易重复犯错。

39

合理使用工具书和参考书

培养使用参考书的习惯

　　一天，亮亮在玩一个好玩儿的游戏，正到关键的时候，屏幕上出现了一个英语单词。这下亮亮急坏了，打不过去又得重新来过。突然，亮亮想到萌萌的英语成绩非常好，于是，亮亮立刻就拨通了萌萌家的电话。可等萌萌告诉他英语单词的意思以后，电脑游戏已经出现"Game over"的字样，亮亮非常后悔，他暗暗发誓：一定要把英语学好。

　　后来，亮亮每天都和萌萌一起背单词。萌萌告诉他，英语成绩好的人都有爱翻字典的习惯。当发现某个学过的单词在哪个句子里讲不通时，立刻就去翻字典。这样一来，就常常会发现过去自己所不知道的意义和用法。

查阅字典，弄清单词意义、用法，这是为记忆作准备。翻阅字典，理解了词义，就会弄清它的实际用途，这不仅对学英语有用，对学任何一门功课都非常有帮助。

晶晶的智力并不超群，平时用在学习上的时间也和别的同学差不多，但是，不论是小测验，还是每学期的考试，她的成绩总是班里前几名。晶晶的学习秘诀是什么呢?

她说："其实，我的方法跟大家差不多，只不过，我在认真掌握好课本的基础上，会去买一些参考书，每门课不必多，只选择一两本好的参考书，然后随着上课的进度，精读细研，就可以了。"

晶晶还介绍了几点参考书的使用经验供大家参考：

第一，当做查缺补漏的工具。学习的重心，主要放在教科书上，参考书只能当做查缺补漏的工具。在准备考试的阶段，应该使用"备考型"的参考书，将学习的重心慢慢地移到参考书上，但必须不时地跟教科书互相对照，结合起来复习，才能事半功倍。

第二，先不要看答案。使用参考书最大的忌讳就是猛抄答案应付老师。利用参考书时，应该进行思索，先做出自己的答案，然后再跟参考书上的答案对照。

第三，既然买书就要利用它。参考书一旦买回来，就一定要仔细读，避免把一大堆同类的补充型、综合型参考书跳跃式地读，否则到头来只能是白忙一场。

参考书是为补充教材的不足而编写的，是学习不可缺少的"助手"。有人曾经把教材比做人体的骨骼，而参考书则是血肉。所以，我们要利用好参考书，为我们的学习服务，让它成为我们的好帮手。

做一做

这样利用参考书：

★勾勒重点、难点。重要的地方，用红笔画线做记号，不明白的地方用蓝笔做记号，并及时向老师请教。运用彩色笔勾勒重点、难点，在下次复习时，就可以一目了然，节省好多时间。

★做辅助性笔记。如果只是浏览，内容并不会留在脑子里，因此，看参考书时一定要另外准备辅助性笔记本，把要点一一摘录下来，以加强印象，帮助记忆。

★抓重点。不管出于什么样的目的使用参考书，都应抓住大纲上规定的重点内容，否则就是丢了西瓜捡了芝麻，得不偿失。

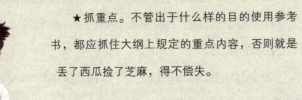

记一记

有些书可供一赏，有些书可以吞下，有不多的几部书则应当咀嚼消化；有的书只要读读其中一部分就够了，有些书可以全读，但是不必细心地读，还有不多的几部书则应当全读、勤读，而且用心地读。

——培　根

40

培养课前预习的习惯

勤能补拙，会学习

　　婷婷有段时间特别郁闷。同学们上课都能积极地回答老师的提问，而她一个问题都答不上来，像个哑巴一样。碰到老师提示说在书上哪一页能找到答案的时候，婷婷也要花费很多时间在书本上寻找。

　　一天下课后，她跑到佳佳的桌前问原因。佳佳说："你和我以前的情况差不多。后来，老师告诉我，出现这种情况是我的预习没有做好。兵书上讲'知彼知己，百战不殆'，上课也应该像打仗一样，要对课上所学的东西做到心中有数，才能取得学习上的主动权。课前预习，就是要在巩固旧知识的基础上，积极探索新知识，发现疑问，做到心中有数，为新一轮的学习作准备。预习的最大好处是使我们的学习一步紧跟一步，一环套一环。预习使我们变得积极主动，而只有站在主动进攻位置上的人才容易打胜仗。"

成语"笨鸟先飞"，讲的就是做事要先行一步。比如一篇课文，在老师讲课前，如果进行预习，听课的时候就可以做到心中有数了。由于是新内容，预习可以不要求深入理解，只要了解新课的知识结构并作好记录，明确听课的重点、难点和疑点就可以了，这样可以有目的地听课。

这样学习新课先有准备，听课的时候自然就会减轻学习难度，更轻松自如了。如果没有在新课前预习，听起课来就会感到紧张，学习难度加大，就会和婷婷有同样的烦恼了。

张海燕是天津市南开大学附属小学的尖子生，她曾向同学们强调预习要注意的地方。预习时要注意读、思、问、记同步进行。对课本内容能看多少就看多少，初步不须深入钻研，可以用笔画出不同的符号标记，把没有读懂的问题记下来。但对于涉及学过的知识，一定要搞懂，消灭这些"拦路虎"。还有，预习时还要在当天作业完成之后再进行。时间多，就多预习几门，钻研深一些；时间少，就少预习一些，钻得浅一些。一定不要在当天的学习任务还没完成之前就忙于预习。

学习本身就是由预习、上

第5章
学习习惯

语文预习歌

预习很重要，

不要忘三条：

第一识生字，

翻查生字表，

解词连课文，

琢磨需动脑；

第二看习题，

作业做几道，

疑难等上课，

听课便知晓；

第三抓中心，

归纳很重要，

运用自己话，

复述更简要。

课、整理复习、作业4个环节组成的。预习是第一个环节，缺了这个环节，就会影响下面几个环节的正常进行。如果你还没有养成课前预习的习惯，现在就改变它，坚决做到先预习后上课，但也不要一下子铺开，各门功课都提前预习。先从重点学科开始，按时间多少安排，然后推广到其他学科。达到预习的好效果，并由此养成预习和自学的好习惯。

做一做

预习的方法

★熟悉教材。先将教材泛读一遍，掌握大概意思，然后再精读。精读时，可用彩色笔初步勾画出重点、难点、疑难问题。

★认真思考。预习时要运用相关知识对问题进行积极的思考，弄清新旧知识的内在联系和新内容中的概念、定律、公式等知识点。如果对某些问题有初步的体会和感受，可以适当作批注。

★做习题和实际操作。预习时可适当地做些练习题，及时检查预习的效果。如有可能，还可做一些必要的操作，如现场观察、调查研究等，为上新课作必要的准备。

★认真做笔记。做预习笔记是预习过程中的一个重要环节，一定不能忽视。具体来说，预习笔记主要包括章节中的重点结构、主要问题、疑难问题和心得体会等四方面。

41

用日记记录下成长的脚印

培养每天坚持写日记的习惯

日记是我们最好的朋友，它会和我们朝夕相伴。我们可以在那里尽情地倾诉衷肠，它会静静地坐在那里倾听。 日记是我们的精神向导，它能够使我们的头脑保持清醒、增强我们的信心，使我们更快乐地生活。

写日记是一种乐趣，读一读过去的日记，能看到我们成长了多少，学到了什么。下面的日记就记录着一位女孩的成长经历。

2004年5月12日

最近几天我的烦恼越来越多，尤其是因粗心大意导致的一些事，让我很难受。比如今天早上量体温的时候，就是由于我的粗心大意把好端端一支体温计给摔坏了。

虽然老师没说什么，同学们也继续上课了。但我的心情依然很沉重，我的粗心给老师和同学带来了麻烦，我不能原谅自己！

我那粗心的坏毛病什么时候才能改掉呢？

2004年9月12日

刚才翻看了上学期写的一些日记，哈哈，挺有趣的，仿佛看见了上学期我干的那些傻事。

看，那次因为我的粗心大意把班里的体温计摔坏了，虽然老师和同学们没有说什么，但当时我的心情非常沮丧。不过呢，后来我在爸爸的帮助之下，渐渐改掉了粗心大意的毛病。现在考试

也不会白丢分了，真的很感谢爸爸。

爸爸今天又加班了，最近他特别忙。以前我总认为大人很自由，但现在看来我的想法也有失偏颇，做大人并不是那么自由的，他们的责任可大了。

我们在写日记的时候会碰到很多问题。比如，面对摊开的新一页，该如何下笔？每天都要面对很多人，哪一个让你有所感触？每时每刻都有不同的情绪在你心里，哪一种又是你认为应该捕捉的呢？年少易动的心思，该如何去描述呢？

留心观察生活。学校的生活丰富多彩，每天接触家长、老师和同学，对我们有影响的人和事一定不少，只要我们善于注意身边的一切，留心观察生活，就一定能写出有意义的事，写出自己心灵深处的体验。

写日记贵在持之以恒。如果我们坚持不懈养成了写日记的良好习惯，某一天因事中断，你会觉得那一天的生活缺了什么，你会觉得那一天生活不完美。这样长期坚持下去，你的写作水平一定能得到提高。

第**5**章
学习习惯

读一读

日记日记，一日一记。茶余饭后，抓住时机。

天天动笔，有助记忆。提高水平，陶冶情趣。

明镜高照，警钟长击。催人奋进，终生受益。

少年朋友，发奋努力。培养兴趣，锻炼意志。

学写日记，贵在坚持。坚持到底，定能胜利！

做一做

如何才能养成写日记的好习惯呢？按照下面的方法做就可以了。

★认真观察。事物是有特点的，我们要注重观察，在观察中分辨出事物细节上的差别。

★记录一些好句子。写作要有水平，需要记录背诵一些好句子，不要多，但要经常坚持。

★每天写一点。想起来就写。写什么不作限制，可以自由发挥。可以在身边带一个小本本，可能开始的时候有些困难，要一步一步来，比如可以在床头、书桌、书包三处各放一支笔、一个小本。

42

好的计划是成功的开始

培养制订学习计划的习惯

时间是最公道的，对任何人都很平等，每人每天24小时，不会多，也不会少。可是，不同的人利用时间的效果却大不相同。就学习而言，有的人整天埋头苦学，却没有很好的成绩；有的人不仅学习成绩好，课外活动也很丰富。怎么会出现这种差别呢？一个很关键的原因就是使用时间的方法不一样。科学合理地使用时间，是快乐生活、轻松学习的重要条件。

一天晚上，爸妈都快要睡觉了，乐乐屋里还亮着灯。爸爸敲开房门，说：

"乐乐，该睡觉了，要不明天起不来。"

"爸，过两天我们班要测验，我得看看书。"乐乐说道。

"你这孩子，平时放学看不到你的影子，这倒好，要考试了就临时抱佛脚。"妈妈走过来说。

可是，虽然加班加点地学习，测验结果出来了，乐乐还是考得很不理想，他自己也纳闷："我开了好几天夜车了，为什么考试的结果还是这样呢？"

像乐乐这样的人还有很多，他们学习的时候都很随意，没有计划性，平时不好好利用时间，到了考试的时候又临时抱佛脚，结果当然是得不到好成绩了。

"一寸光阴一寸金，寸金难买寸光阴。"小学阶段是人生的黄金时期，我们应该分秒必争、合理利用时间，促使自己成才。珍惜时间和合理利用时间的最好方法是为自己制订一份适合自己的学习计划，让自己的分分秒秒都得到利用，不浪费时间，善于利用时间，让时间为我们的成功服务。学习计划并没有什么固定的格式，只要是适合自己的就可以了。

可可就十分善于安排自己的时间。你可以参考他的学习计划：

第一，认真学好课堂上老师讲的内容，课外的时间多阅读。

第二，课外学习分成三条线：一是学习语文，听自己喜欢的广播节目，提高朗读和听力；二是做数学练习，每天做10道题，看数学游戏读物；三是锻炼身体，增强体质。

第三，每日作息时间：早晨6时起床，跑步20分钟，听广播30分钟。上午上课。中午午休时看半小时课外书。下午上课，做当天作业。18时吃晚饭。晚饭前体育活动40分钟。晚自习到22时。随着季节不同，时间稍作改动，但内容不变。

这个计划有三个优点：第一，针对性强；第二，时间安排具体；第三，目标明确。

榜样就在眼前，让我们一起动手制订自己的学习计划吧。相信我们的生活也会和可可一样，有松有弛，快乐地学习和生活。

做一做

培养制订学习计划的习惯需要很长的时间，我们要坚持做下去，变成一种自觉的行动。

★按照自己的实际情况，可以参照上面可可的学习计划制订一个自己的学习计划。制订计划要注意留出机动时间，劳逸结合。

★执行计划要重视效果。制订计划的目的是有效地利用时间，提高学习效率。如果在执行的过程中出现不适合自己的情况，要及时调整。

★有奖励，有惩罚。制订计划后要严格执行，如果较好地完成计划，可以给自己一些奖励，鼓励自己坚持下去；如果没有很好地完成任务，就要采取适当的惩罚措施，督促自己按计划执行。

记一记

★闲时无计划，忙时多费力。

★平时做事无计划，急时做事无头绪。

43

细心决定成败

培养认真完成作业的习惯

你是不是在做作业的时候，一支笔在手里握着转啊转啊，半天过去了，一个字都没写；你是不是手里拿着点心边吃边写；你是不是在一边看着电视，一边写着作业……这些都是不认真写作业的表现。这样的坏习惯是不是让你在课堂上很不自在？有没有下面亮亮的感受呢？

"亮亮，你的作业做完了没有？"妈妈在房间门口问他。

"做完了。"亮亮大声地说着，其实他只做了一半就去玩《冒险岛》游戏了。

第二天，一到学校他才想起老师今天要检查作业，没有办法，只好借同学的作业本抄抄，应付了事。

可奇怪的是，老师今天并不急着收上来，而是随便抽查了几个同学针对作业来提问。这可把亮亮吓坏了，他的作业是抄来的，自己一点都没有认真去做，怎么能回答得出来呀！

万幸的是，亮亮没有被老师抽查到，要不然光是让同学和老师知道自己的作业是抄来的，这一条就足够令他无地自容了。

做作业是对老师讲课的一个巩固过程，做作业要讲求时间效率。如果今天的作业留到下个星期来做就没有了效果，就好像本该买来今天吃的菜你留到明天才吃一样，失去了它的原味。做作业还要讲求质量和效果。亮亮的做法纯粹是一种敷衍了事，不负责任的行为，我们可不能像亮亮那样。

这里所说的作业，是指老师布置、必须完成的课堂练习和家庭作业。在学生的眼里，所谓的作业好像就意味着做不完的题，所以有些学生把作业称为"作孽"。大好的时光都在做这些永远都做不完的破题，真是"作孽"。

那么，既然是"作孽"，可不可以取消作业呢？答案是不行。作业是学习过

第**5**章
学习习惯

记一记

明日歌

明日复明日，
明日何其多。
我生待明日，
万事成蹉跎。
世人苦被明日累，
春去秋来老将至。
朝看水东流，
暮看日西坠。
百年明日能几何？
请君听我《明日歌》。

程中不可或缺的一个环节，缺了这个环节，学习过程就会出现中断。作业不但不能取消，而且还要讲究时效，今天要做的作业决不能拖到明天。如果你感觉自己对时间的要求不强，就每天把老师安排的作业做一个时间计划表，按时间的先后顺序来完成。

我们不仅要认真完成作业，还要讲究方法。有方法，做一道题顶三道题；没有方法，做了三道题也许只能顶别人一道题，差别很大。这些方法我们会在"做一做"中详细地告诉你的。

知道了做作业是一项重要的学习习惯后，有没有发现自己需要改进的地方？不要再多想了，按照我们的方法去做，坚持下去养成习惯，美好的未来就在你的面前。

做一做

★不要对所有的题"一视同仁"。善于学习与不善于学习的同学之间最大的区别之一就是谁能抓住重要的信息，知道这道题主要讲的是什么东西，透露着什么信息。不要眉毛胡子一把抓，一视同仁，虽然做了不少题，但效果不一定好。

★着重做不会的题。善于学习的同学会做的题少做，专挑不会的题反复练习，这样可以学到新的东西，提高自己的成绩。

★经常整理做过的题，不时翻看、整理作业。作业整理好了，应该同课本一样放在书桌前或者最显眼的位置，不时地提醒自己翻看。要不然，整理得再好又有什么意义呢？

44

认真听课不走神儿

培养专心听课的习惯

"亮亮，请问《草叶集》的作者是谁？"语文老师对咧着嘴傻笑的亮亮提问。

"啊？"亮亮被同桌用力地推了一下，吓得"嗖"的一下从座位上站了起来，"什……什么……什么的作者，老师？"

"《草叶集》的作者是谁？"老师又说了一遍。

"是……"同桌在一旁低声地告诉他是"惠特曼"。但亮亮太紧张了，他不知道同桌说的是什么，只听到什么"特曼"，就鼓起勇气大声地说了一句："奥特曼。"顿时教室里一阵哄笑。此时的亮亮红着脸恨不得找个地缝儿钻进去。

同一天下午，佳佳捧了一个新笔记本回家。妈妈高兴地问她："今天中什么奖了？"

"没有中奖。今天老师要求我们当场学、当场背单词，谁的准确率高就能得到一个笔记本。我全默写对了！"佳佳非常高兴地告诉妈妈。

为什么在同一个课堂，亮亮和佳佳的对比这么鲜明呢？

上课分心，就是在听课时注意力被别的事情吸引过去，离开了听课的内容。上课分心，无法专心理解老师讲课的内容，是学习的主要障碍之一。要想克服分心的坏习惯，必须首先了解分心的原因。

第一，外部环境刺激往往是引起分心的主要原因。例如：教室外体育课上不时响起的哨声，使一些同学想起了昨晚的足球赛，虽然人在教室，心却早就跑到足球场上去了……

第二，心理原因也是引起分心的重要因素。有些同学上课时老是想起自己曾经经历过的有趣的事。例如：有的就想起以前做过的一些趣事，想到精彩处竟忍不住笑出了声，有时还情不自禁地与旁边的同学讨论起来，不仅自己听不好课，也影响了别人；还有的同学在课上总是想自己课下将要做的事情。例如：晚上要跟家人去亲戚家做客。

第三，身体不好或精神不振也是引起上课分心的原因。比如，有些同学没有吃早点，怎么也提不起精神；有些同学晚上睡得太晚，睡眠不够……

那么，你上课分心是属于哪一种原因呢？找出原因，就容易找到办法克服了。和"梦游"说再见，做一个上课专心听讲的好学生吧，你也会和佳佳一样，带着奖品回家呢！

第**5**章
学习习惯

记一记

上课专心学

眼睛注意看，
耳朵注意听。
脑子跟着想，
精神要集中。
上课专心学，
天天长本领。

做一做

找出上课容易分心、注意力无法集中的原因后，我们应该想办法来克服这个不好的习惯。下面有几种方法，不妨试一试：

★克服外界干扰，养成闹中取静的本领。这种本领通过练习可以培养出来。比如，故意蹲在嘈杂的集市或公园看书。当然，开始时会遇到许多困难，但只要坚持下去，就会取得成功。

★加强意志锻炼，做支配意志力的主人。在学习中我们除了会遇到外界的刺激，还会受到内部因素如情绪低落、身体欠佳、不良习惯的干扰，这些更容易使我们分心。因此，我们要学会以坚强的意志同一切干扰作斗争。

★注意休息。人在疲劳的时候是很难集中注意力的。所以我们必须养成良好的学习习惯，学习时全力以赴，休息时尽情娱乐。

★跟上老师讲课的节奏。在听课时如果你遇到了听不懂的内容，这时千万不要停下来卡在那里，脱离教师的讲课轨道，这时候你应该在不理解的地方做个记号，然后接着听课。等下课后，再去向老师或同学请教不理解的问题。

45

把考试当做平常的事情

培养正确对待考试的习惯

"我一遇到考试就紧张，总是想到考不好怎么办？我努力让自己不去想考试的结果，但没多大用。有什么办法让我不害怕吗？"

"马上就要高考了，我感到很紧张、焦虑，学习成绩也呈下降趋势，注意力常常难以集中。我是不是得了所谓的考试综合征，怎样才能调整过来？"

以上这些提出问题的同学，都或轻或重地表现出了害怕考试的心理问题，这可是会影响我们一生的"坏习惯"。在我们今后的人生道路上，接受大大小小的考试将不计其数。如果没有一个健康的心理面对考试，将会直接影响着我们现在的生活和未来的发展。培养正确面对考试的习惯，是我们必须做的重要事情。

首先，要"知己知彼，百战不殆"。你对自己的能力要有一个公正的认识。既知道自己的优势，又清楚自己的弱点。复习一方面是要夯实基础，另一方面应查缺补漏。不要在临近考试时才买习题集，专攻难题。这样做既浪费时间，又会影响自己的情绪，甚至会打击自己的自信心。考生应该重点进行基础练习，每天都应该坚持做基础题，目的就是为了确保在考试的时候把那些简单题和基础题做得又快又准确。此外，应该对自己的弱项做一些有针对性的练习，多做一些以前做错的题，真正做到举一反三。

其次，考试前调整状态很重要。第一，调整生物钟，把休息时间延长。大多数同学平时休息得很晚，在调整阶段，晚上睡觉的时间要一点点儿提前，千万不要在最后阶段搞"疲劳战术"。第二，把自己感觉最有效的时间段逐渐调整，以达到与考试时间相吻合。可以在上午9点至11点，下午2点至5点这两个阶段做和考试科目、题型相类似的练习。还有就是要缓解压力。考试一点压力都没有是不可能的，但要努力把它控制在一个范围内。

考试时间虽然短暂，但需要的是平时的积累，稳扎稳打才能百考不败。就让我们从生活的点滴之处做起吧，正确地面对考试，相信你平时的付出会换来丰硕的回报。

做一做

★要培养做事仔细、认真的习惯。有些同学聪明又能干，学习也不错，但却有马虎的毛病，考试时自以为是，没审好题，结果答错了。对于这样的同学，要培养做事精益求精、一丝不苟的习惯。

★以平常心对待考试。进入考场拿到考卷不管上面出现了什么题都要以平常心对待，对难题不畏惧，对简单题不盲目乐观。

★进行准和快的训练。要根据考试常犯的错误、常出的毛病拟订一些题目自己来做，要求又准又快。

★学会自我监督。针对各门课程的不同情况写出一些自我提醒的语句，对克服考试粗心的毛病很有帮助。

记一记

缺乏谨慎的热情完全像一只随风漂流的船。
——詹姆斯·乔伊斯

46

做一个记忆高手很简单

培养遵循记忆规律的习惯

如果从现在开始掌握一些科学的记忆方法，并灵活运用，就可以明显提高学习效率。

小强是一个很散漫的人，经常丢三落四，为此他吃过很多苦头，可是毛病照样没改。这不，早上在路上碰见一个同学，那个同学很热情地跟他打招呼，可是他一直没有想起这个同学的名字。可是昨天他们才在郊游的时候认识，当时走在一起，玩得还很开心，但现在才一个晚上的工夫，自己就把人家的名字给忘了，他觉得很尴尬，小强越想越郁闷。

这时，有人拍了一下他的肩膀，回头一看，是好朋友小刚。小刚问他："想什么呢？你是不是忘记了一件事？"

"什么事？"小强又开始紧张了。

"真的想不起来了？今天是我生日，你不祝福我？"

"哦——对不起！"小强开始为自己的健忘感到生气了。

有时候你是不是也会有这种健忘的情况？学习也一样，这都是我们记忆疏忽的原因。

学习就是一个理解、记忆和运用的过程。也就是说，记忆在学习中占了很大比重，并影响学习效果。如果从现在开始掌握一些科学的记忆方法，并灵活运用，就可以明显提高学习效率，这样不仅可以迅速提高我们的成绩，还能省出更多时间去做一些喜欢的事情。

首先，兴趣是记忆最好的老师。在所有的记忆规律中，最重要的一条是保持兴趣，没有兴趣，就不可能真正记住需要掌握的知识。科学家根据对人的记忆过程的研究，得出了一个结论：记忆是否深刻，与头脑的兴奋程度有直接的关系。这意味着，记忆的过程必须专心，同时对要记忆的东西保持一种兴奋的精神状态。如果需要记忆，首先要用适当的办法，让我们的精神兴奋起来。

一个留美小学生讲述了自己学习英语的经验。他刚到美国时，身边没有人可以用汉语和他说话，老师和同学说的每一句话都听不懂，心里面很害怕。后来爸妈给他买了全套的迪士尼百科全书，他非常喜欢，就把学习英语和读百科全书的兴趣相结合，加上周围的环境，一个学期的工夫，他的听写能力就有了惊人的提高，并可以和外国的小朋友对话了。

其次，自信心非常重要。记忆之前，必须先进行记忆调节，树立自信心，相信自己一定能掌握这些材料。千万不要在记忆之前先怀疑自己，担心自己记不下来。记忆过程中，也要控制好自己的心态，不能急躁。

另外，一次记忆的东西不宜过多。应该控制好每一次记忆的总量，如果总量多了，非常容易产生脑疲劳，使记忆效率下降。正确的做法是把总量控制在一个范围内，能让自己全部完成一次记忆过程，完成后，如果不感觉疲劳，可以再记忆其他科目的知识。如果需要记忆的东西实在过多，也可以把它分成几个部分，每次解决其中的一部分。

做一做

　　关于记忆的方法还有很多，下面就是一些你可以参考的方法，希望大家养成遵循记忆规律的习惯，轻松愉快地学习。

　　★记忆的时候，要保持愉快的心情。精神状态好、心情愉快的时候去学习，就很容易理解，记忆效果也很好。反之，就很难读下去，效果非常差，甚至半天也不知道自己看了些什么。

　　★不要长时间学习同一种东西。最好是同一种东西只学30分钟，然后学习另外一种，这样不断地交替。这种方式能够有效地提高记忆的效果。

　　★学习的时候要多动手。"要记得牢就得多动手。"我们应该养成边写边记的好习惯。

　　★制作学习小卡片。这些小卡片上可以是英语单词、名人格言、历史年代、地理名称等等。随时随地都可以拿出那些卡片翻来覆去地看。对增强记忆来说，效果很好。

记一记

　　读书不要贪多，而是要多加思索：这样的读书使我获益不少。

　　　　　　——卢　梭

47

多读好书充实心灵

培养阅读的习惯

阅读好书就像是和有学问的人促膝长谈，他们的思想会对我们产生积极的影响。阅读好书，我们可以从中得到许多有关人生的启示。林肯就是在少年的时候，看到了华盛顿和克雷的传记，从此立下宏伟的志向，最后成为"美国历史上最受人尊敬的总统"。

一个喜欢读书的人能够感觉到读书时妙不可言的乐趣。一个喜欢读书的人，最终即使不能成为伟大的人，也会成为很有学问的人。

所以，我们要培养阅读的习惯。不仅要阅读那些我们喜欢的书，还要阅读各种门类的书籍，长期坚持下去，我们的见识就会在不知不觉间得到提高。

读书还要掌握一些方法技巧。有的书只需泛读，能够了解大概的主题思想就可以了。有的书则需要我们精读，必要的时候还要做读书笔记，把最精华的东西记下来，以便随时查阅。

从现阶段来看，读书与提高我们的成绩有密切的联系。如果想提高我们的写作能力、判断力、想象力、理解力等，多读好书是最好的办法。

所以，每天除了老师指定的学习任务之外，还应该安排一些时间阅读各方面的好书。你可以事先把要读的书准备好，书架上、书桌上，任何地方，都应该放些好书，方便随时阅读。

也许你会说："今天就这样，从明天开始吧，我一定不偷懒，要多读书！"

在刚开始培养读书习惯的时候，很多人都会有这样偷懒的想法。其实，读书跟做其他事情一样，只要制订了计划，就应该坚持按计划去实施。所以，还是忍耐一下吧，不要做一个言而无信的人。

另外，也许你会这样想："如果我每个星期读一本书，那么一年下来，只能读50本。不如每个星期读两本吧！"

这种想法也是不正确的。"冰冻三尺，非一日之寒。"如果急于求成，一次读很多书，甚至熬夜读书，结果第二天上课的时候没有了精神，这样反而得不偿失，不能达到最好的读书效果。所以，一定要根据自己的情况适当地安排读书量和读书时间。

在读什么书的问题上，你可以多听听老师和父母的意见，相信他们一定会帮助你挑选一些适合你阅读的好书。等到你逐渐养成喜欢读书的习惯时，你已经有很多挑选图书的经验了，这时候，你可以根据自己的爱好和需要，自己去书店买书了。每个月去一两次书店，在那里，你会发现许多感兴趣的新书，你还会遇到很多同样喜欢读书的人，说不定还能交流交流呢。

做一做

★有节制地看电视。种种迹象表明，电视让我们冷落了书籍。电视虽然带给我们感官上的愉悦，却无情地消耗了我们宝贵的时间。让我们毫无意识地被它牵着鼻子走。

★制订阅读计划。根据自己的阅读兴趣，制订阅读计划。古今中外的文学经典，应该是我们阅读的首选。

★掌握高效的阅读方法，有选择地阅读。读书的过程，是欣赏和接受的过程，也是思考和感悟的过程。如果能经常用自己的语言表达读书的感想，那将是一件极有意义的事情。

记一记

读书有三到，谓心到、眼到、口到。心不在此，则眼看不仔细，心眼既不专一，却只漫浪诵读，决不能记，记也不能久也。三到之中，心到最急。心既到矣，眼口岂不到乎？

——朱熹

48

培养各科均衡的习惯

不偏科，做优秀学生

　　偏科的弊病大吗？有很多同学说不大，为什么这么说呢？原因是他们看了很多名人小时候的故事，发现很多名人也偏科，但长大之后却照样誉满全球。所以，这些同学就认为偏科不仅没有危害，反而还是一个人聪明的表现，真的是这样吗？当然不是，这些同学对偏科的认识是错误的，事实上，很多名人之所以在某一领域有卓著的成绩最主要是因为他们拥有勤奋认真和努力钻研的精神，与偏科并无必然联系。相反，很多名人在成年之后反而会为自己小时候偏科而懊悔呢，因为小时候偏科造成了他们知识结构上的不完整性，导致在进行很多科学实验时或者在其他科学领域探索时遇到了很多不应该遇到的困难。偏科也影响了我们的学习成绩，看看下面这位小学生的日记你就明白了。

上周我们年级举行了一次月考。现在成绩和排名都已经出来了，和上次期中考试的成绩相比，这次我的成绩居然下降了10名，从以前的42名下降到现在的52名。其实如果不算英语成绩，我可以排到全年级的前20名。但是，这次我的英语成绩太差了，已经突破了我们班的记录，才考了42分，而我们全班也就我一个人的英语成绩是不及格的。这个分数比我们班的英语平均分整整少了35分！英语老师气坏了！更可怕的是昨天还开家长会了！妈妈知道我的成绩后也是不停地说我。哎，这就是偏科的后果呀，即使你其他科考得再好，但只要一科考的很差，那就一定考不出好成绩！

以前上课我就只喜欢数学和语文，不喜欢英语，这次考试我数学、语文都考得很不错，都是全班前几名，唯独英语是全班倒数第一。这下可真该好好反思一下了。看来以后我必须得认真去面对每件事情，不管喜欢不喜欢，因为只有这样，我才有可能获得成功！

今天我就为自己立下这个誓言：在以后的学习中，我决不再偏科了！一定认真对待每一门学科，不管它难不难，我都会认真去学！希望在下次的考试中，我能取得比较好的名次，加油吧！

由此可见，偏科对我们的学习有很大的影响，甚至会对一个人的性格产生极大的危害，震惊全国的清华大学学生刘海洋用硫酸伤害大黑熊事件就是最好的证明。

有专家通过跟踪调查研究发现：如果学理科的学生不懂文史常识，他思考问题的方法会受到很大影响，将来也不会取得成就。这种学生不能流利地讲话，也不能写出较好的文章，无法把自己的观点在论文中很好地表达出来。

从长远来看，知识面狭窄会影响他对新事物、新学科的接受，甚至还会妨碍学术交流，影响进一步的发展。

我们知道了偏科的危害，就要改变这个坏习惯，现在改还是来得及的。小学时期的学习为我们日后成材打下了坚实的基础。任何一门课程的偏废，都会为我们个人的发展埋下危险的"地雷"。从未来的工作需要看，日后我们每个人的工作都将是综合性的，并且会变动较大、较快。一个问题的解决，往往要用到许多学科的知识。

"各门功课都学好，花开才会样样红"。我们要从现在开始改变偏科的习惯，做一个全面发展的学生。这虽然需要很长一段时间，花费很大的精力，但对我们今后的发展是大有好处的。

做一做

★培养正确的学习动机。小学阶段各门学科都是为了我们的全面发展而设立的，一个合格人才除了具有广博的专业知识以外，还应有相当高的文学修养、艺术修养。要培养自己的多种爱好。

★激发对较差学科的学习兴趣。不要因为某科成绩差就干脆放弃，而应该更努力地学习。只有勇于挑战，才会收获更大的成功。

★坚持不懈地纠正偏科。善于从自己的点滴进步中增添坚持的力量，激发对各学科的兴趣，增强信心。长期坚持下去，学习偏科的问题就会逐渐得到解决。

记一记

积累知识，也应该有农民积肥的劲头，揽的范围要宽，不要限制太多。

——邓 拓

49

把汉字写得整洁漂亮

培养正确书写的习惯

英国科学家的一项研究表明：写字快的人成绩好。写字速度是决定学生成绩好坏的一个因素。写字差、写字慢的人，在动作协调、拼字、字母顺序、字体和谐与辨别能力等方面都较差。

汉字现代化研究会会长袁晓园爷爷曾在联合国工作20年。他认为，在多种文字中，汉语最简单明了。联合国有中、英、俄、法和西班牙五种文字的文稿，其中最薄的是中文文本。汉字已经发展了几千年，能够清楚地表达自身代表的读

音，看见汉字就可以猜出它的读音，根据它的结构也可以知道它的意思。

写字是一项重要的语文基本功，写字的过程可以巩固对每个字的认识，记住它们的读音和结构，也是继续学习、丰富文化科学知识的重要手段，对我们的成长具有重要的作用。

所以，我们必须从小就打好基础并努力练一手好字。

陶陶妈妈最为女儿感到骄傲和自豪的不是女儿考上了名牌大学，也不是被免试保送攻读博士研究生，而是陶陶的一手好字。她读小学、中学时的试卷、作业一直被妈妈保留着。每次家里去了客人，母亲都忍不住把她的试卷、作业拿出来让客人看看女儿工整、秀丽的字迹，客人的称赞让妈妈的心里甜蜜蜜的。

陶陶认为，写好中国字不仅是一种习惯，更是一种教养。把字写漂亮，可以培养自己严谨、细致、一丝不苟的作风，从而对学业上任何问题都不敢马虎。同时，她觉得，把一份手写体的、工工整整的作业、文件交出去，也是对师长、对他人的一种尊重。

看到上边的故事，你是不是很羡慕陶陶呢？

有人觉得把每份作业、文件都写得那么仔细、工整，会耽误时间。对此，陶陶的观点是：关键是要从小养成习惯，如果从小学入学时起就养成了一种习惯，既能写好，又能写快，就不会耽误时间了。

对于现在都用电脑来处理文件了，写好字是否还有必要这个问题，陶陶也有自己理智的看法：她觉得越使用电脑，就越应该养成这种习惯。许多中学生写的字十分令人忧心，还有许多大学生、硕士生、博士生，尽管论文写得漂亮，但是写的字却十分难看。

所以说，应该从小就培养起正确书写的学习习惯，千万不能有字写得好不好无所谓的想法，如果不注意提高自己的书写水平，等到需要时，后悔是来不及的。

做一做

　　培养正确的书写习惯。我们提供了以下一些方法供你参考：

　　★从最基本处着手。刚开始学着写字时，就把每个字的笔画、笔顺写准确。

　　★ 学习书法。不是为了参加书法比赛，而是懂得什么样的字是漂亮、美观、大方的。给自己买一些字帖，把大字帖挂在自己的房间里。也可以让家长带领去参观书法展览。

　　★检查作业、试卷时，不要只注意内容的对错，还要检查字写得是不是工整、漂亮。

　　★读书、看报时，不要只注意欣赏书报文字的内容，还要注意审视字体、书法是否美观；上街时，注意观察、欣赏街市牌匾上漂亮的字。

　　★生活中，即使写一个留言条，字体也要工整，不能随意。

记一记

写字做到三个一，
一寸一拳和一尺。
头正肩平身不歪，
姿势正确要牢记。

知识在应用时才有力量

培养学以致用的习惯

光学不用，是没有用的。书本是不会种黄瓜的。

　　菜农是一个勤劳的庄稼汉，身强体壮并且充满朝气，春天来了，菜农在自家园子里翻地。他干得非常卖力，光是种黄瓜的地，他就翻了50多畦。

　　菜农的隔壁住着一个学问家，他是园艺爱好者，虽然没有种过地，但他很会根据书本知识谈园艺，这天他心血来潮，也想种黄瓜。

　　看着菜农汗流浃背地在地里忙活，学问家一直嘲笑菜农很傻，他说："邻居，别看你干得汗流浃背，等着瞧，我种的东西远远超过你，同我的菜园相比，你的菜园将是一片荒地。老实说，你的菜种得马马虎虎，你怎么没有破产？你好像从来没有念过书吧？"

菜农不慌不忙地回答："我没有工夫看书，勤劳和我的双手就是我全部的学问，靠它们我就能活下去。"

学问家立即斥责他："物质的人啊，你竟然反对科学！"

菜农不慌不忙地回答："不，先生，我好歹已经种下一些东西，可你连地还没翻呢！"

"是的，我还没有翻，我一直在看书，想弄清翻地到底用啥好，时间来得及。"

"对你来说也许如此吧。但是我的时间并不宽裕。"说完，菜农拿起铁锹，告别了邻居，继续干活。

学问家就一直查书，做笔记，好不容易种下一点儿地，哪知种子刚发芽，他又从书上看到更好的方法，于是重新翻地，重新种植。结果怎样呢？菜农得到了大丰收，如愿以偿赚了不少钱，而学问家连一根黄瓜也没有种出来。

通过这个故事，大家就会明白：学习知识不能只啃书本，一味按照书本的理论做事情而不结合实际，结果只能是一无所获。现在有不少同学在学习时都会问："我学了这么多的知识干什么？难道是为了考试？"的确，考试是学习的目

的之一。但是，学习还有着别的目的。

　　如果我们学习只为了考试的话，那只是把学到脑子里的知识再倒出来，这是每个人都可以做到的。可能你会发现，有的人工作后很出色，做出了不少的成绩；有的人却很普通，平平淡淡的。这些差别有一部分就是学以致用带来的。有的人善于把学习到的知识用到生活中解决问题，使学到的知识更扎实，学习会越来越好，解决问题的能力也会不断地增强。这样日积月累，原来很小的差别就会变成很大的差别。

　　英国文学家培根说："知识就是力量。"在现代社会，只掌握知识还是不够的，关键在于把自己学到的知识派上用处，使知识发挥力量。如果没有把学习到的知识和生活中的实际相结合，就会像上面的学问家一样，一无所获。

　　所以，我们在平时的学习中，要培养学以致用的习惯，这种习惯的培养虽然需要很长的时间，但对于我们今后的发展是十分有利的。所以，从现在开始，养成学以致用的习惯吧，你的学习和生活将会变得更加快乐的。

做一做

　　★书里书外结合起来。书本上的知识就是对生活中的事物的记叙和描写，如果在学习书本知识的同时能够联系、联想到生活中的事物，你就会加深理解，增强记忆和学习的效果。

　　★课堂内外结合起来。课堂上老师布置给我们的课外实践，如：课外观察昆虫，做一次调查，做一种游戏等，我们一定要亲自去做一回，感受其中的乐趣，培养自己的能力。

　　★想和做结合起来。也许你是一个爱想象的人，可就是懒得动手去做。其实，你的很多想法是可以实现的，你也可以成为发明家，差别就在想和做之间。所以，不要让你的想法停留在大脑里，要动手去做一做。

记一记

　　培育能力的事必须连续不断地去做，又必须随时改善学习方法，提高学习效率，才会成功。

　　　　　　——叶圣陶